DK 388.9:656.7(100) „1956"

FORSCHUNGSBERICHTE
DES LANDES NORDRHEIN-WESTFALEN

Herausgegeben durch das Kultusministerium

Nr. 881

Prof. Dr.-Ing. Edgar Rössger

Technische Universität Berlin

Die Entwicklung des Weltluftverkehrs bis 1957/58

Als Manuskript gedruckt

SPRINGER FACHMEDIEN WIESBADEN GMBH 1960

Additional material to this book can be downloaded from http://extras.springer.com

ISBN 978-3-663-04084-2   ISBN 978-3-663-05530-3 (eBook)
DOI 10.1007/978-3-663-05530-3

Vorbemerkung

Mit der Veröffentlichung des Forschungsberichtes "Gedanken über einen neuen deutschen Luftverkehr"[1] im Mai 1955 wurde der interessierten Fachwelt eine Untersuchung von die Entwicklung des Weltluftverkehrs kennzeichnendem Quellenmaterial in wissenschaftlicher Betrachtungsweise zur Verfügung gestellt. Für den Neuaufbau des deutschen Luftverkehrs nach Wiederherstellung der deutschen Lufthoheit im Mai 1955 hat sich diese als zweckdienlich erwiesen. Im Ausland hat sie erhebliche Beachtung gefunden.

Die statistischen Daten waren im wesentlichen bis zum Jahre 1953 erfaßt. Im Forschungsbericht Nr. 417 der gleichen Schriftenreihe wurden die Ergebnisse und die statistischen Unterlagen bis 1954 ergänzt. Als Sonderbeitrag wurde im zweiten Teil des Berichtes die zivile Luftfahrtpolitik eines Landes am Beispiel der Vereinigten Staaten von Amerika auf Grund eines Berichtes des Air Coordinating Committee an den Präsidenten der USA dargestellt. Der im Oktober 1956 veröffentlichte Bericht fand in der Fachwelt erneut Anerkennung.

Nachdem sich die beiden Veröffentlichungen als besonders wertvoll für zahlreiche grundsätzliche Untersuchungen auf allen Gebieten der Luftfahrt erwiesen hatten, entstand der Wunsch, sich auch in Zukunft eine umfassende und möglichst lückenlose Kenntnis über das Geschehen im Bereich der Luftfahrt zu verschaffen. Das Land Nordrhein-Westfalen veranlaßte daher die statistischen Unterlagen bis zum Jahr 1958 einschließlich zu ergänzen. Die Ergebnisse werden hiermit vorgelegt.

Im Grundsätzlichen wurde an dem Aufbau der Berichte Nr. 195 und Nr. 417 festgehalten. Um die Entwicklung des Weltluftverkehrs möglichst umfassend darzustellen, wurden hier und dort Ergänzungen vorgenommen. Wie früher wurde besonderer Wert auf die genaue Angabe von Quellen gelegt, weil auf diese Weise das Auffinden und das Quellenstudium allen Interessierten erleichtert wird. Darüber hinaus wird es hierdurch ermöglicht, eine größere Verbreiterung des Gedankengutes und der Kenntnis der Arbeit aller Organisationen im Bereich der Luftverkehrswirtschaft zu vermitteln.

Von einer Wertung der Tabellen im einzelnen wurde im vorliegenden Bericht Abstand genommen. Die Tabellen sprechen im wesentlichen für sich selbst. Eine kritische Wertung des Zahlenmaterials, ähnlich wie sie in den Berichten Nr. 195 und Nr. 417 vorgenommen wurde, bleibt einem späteren

---
1. Forschungsbericht Nr. 195 des Wirtschafts- und Verkehrsministeriums Nordrhein-Westfalen, Westdeutscher Verlag, Köln/Opladen

Bericht vorbehalten, weil dann die Auswirkungen der Umrüstung des Flugparks im Weltluftverkehr auf strahlgetriebenes Fluggerät sichtbar werden.

Die Konzeption der Luftverkehrspolitik der Länder wird von der Gesamtkonstellation im Rahmen des Weltluftverkehrs wesentlich beeinflußt werden. Nachdem sich an der Westgrenze der Bundesrepublik ein Aufmarsch von zahlreichen Flughäfen von Skandinavien über London bis Rom vollzieht, die für den Strahlluftverkehr geeignet sind, dürfte es für alle diejenigen, die an der Gestaltung der Luftverkehrspolitik in den Ländern, in der Bundesrepublik oder in sonstigen Institutionen mitwirken, empfehlenswert sein, die Entwicklung des Luftfahrtgeschehens in Deutschland hineingestellt zu sehen in die Entwicklung der Weltluftfahrt und deren Ergebnisse laufend zu verfolgen.

Der seitherigen Übung entsprechend war beabsichtigt, dem statistischen Material eine Sonderuntersuchung über ein Spezialgebiet der Luftverkehrswirtschaft beizufügen. Die überall sichtbare und erwartete Entwicklung des Luftfrachtverkehrs ließ es geboten erscheinen, die Bedeutung des Speditionswesens für die verladende Wirtschaft im Rahmen des Luftverkehrs zu untersuchen.

Mit Rücksicht darauf, daß es sich um einen eigenständigen Problemkreis handelt, der einen besonderen und noch größeren Interessenkreis anspricht, ist vom Ministerium für Wirtschaft und Verkehr des Landes Nordrhein-Westfalen die gesonderte Veröffentlichung in der Reihe der Technischen und Volkswirtschaftlichen Berichte des Landes Nordrhein-Westfalen unter der Nr. 882 veranlaßt worden.

Daß die Möglichkeit geschaffen wurde, die in den früheren Forschungsberichten begonnenen Arbeiten fortzuführen und die gewonnenen Erkenntnisse weiterhin zu vertiefen, danke ich dem Ministerium für Wirtschaft und Verkehr des Landes Nordrhein-Westfalen.

Wiederum danke ich auch diesmal dem ehemaligen technischen und kaufmännischen Direktor der alten Deutschen Lufthansa, Herrn Erhard MILCH, für die Hilfsbereitschaft, mit der er mir jederzeit zur Verfügung stand, und für zahlreiche Anregungen, die ich durch ihn erhalten habe.

Für die fachliche Bearbeitung standen mir mein bewährter wissenschaftlicher Mitarbeiter, Dipl.-Kfm. Dr.rer.pol. Alexander FLECHTNER, sowie die Herren Dipl.-Pol. Lambertus MACHMAR, cand.-ing. Dieter STRESE und cand.-ing. Eduard KERNER zur Verfügung. Dank gebührt den Mitarbeitern meiner Fachdokumentationsstelle für Luftverkehr unter der unermüdlichen Leitung des Herrn Flugkapitän Otto BRAUER.

Bei der Ausgestaltung des Berichtes konnten wiederum zahlreiche Anregungen aus dem Leserkreis berücksichtigt werden. Ich habe dies sehr begrüßt und den angeführten Gesichtspunkten volle Beachtung geschenkt. Für weitere Anregung bin ich stets dankbar.

Berlin, im Mai 1960

Edgar RÖSSGER

Gliederung

Die Entwicklung des Weltluftverkehrs in den Jahren 1957 und 1958

	Tabellen	Abbildungen
Vorbemerkung.		
Verzeichnis der Tabellen.		
Verzeichnis der Abbildungen		
1. Die Entwicklung der Verkehrsleistungen im Luftverkehr.	1 - 20	
1.1 Die Verkehrsleistungen im Weltluftverkehr	1 - 3	1
1.2 Die Verkehrsleistungen der IATA- und BIATA-Luftverkehrsgesellschaften und ihre Anteile am Weltluftverkehr	4 - 14	2 - 5
1.3 Kennzahlen zur Beurteilung der Leistungen der Luftverkehrsgesellschaften	15 - 20	6 + 6a
2. Die Entwicklung des Nordatlantikluftverkehrs	21 - 24	
3. Der Flugzeugpark der Luftverkehrsgesellschaften.	25 - 52	
3.1 Der Flugzeugpark im Weltluftverkehr	25 - 30	
3.2 Der Flugzeugpark europäischer und US-amerikanischer Luftverkehrsgesellschaften.	31 - 34	
3.21 Der Flugzeugpark europäischer Luftverkehrsgesellschaften	35 - 45	
3.22 Der Flugzeugpark US-amerikanischer Luftverkehrsgesellschaften . . .	46 - 52	
4. Die finanzielle Entwicklung im Luftverkehr. . .	53 - 74	
4.1 Die Entwicklung der Aufwendungen und Erträge im Weltluftverkehr.	53 - 56	
4.2 Kapitalstruktur, Werte des Fluggerätes und Rendite der Luftverkehrsgesellschaften.	54 - 59	
4.3 Die Tarife im Luftverkehr	60 - 63	
4.4 Erträge und Subventionen im nordamerikanischen und europäischen Luftverkehr. . . .	64 - 70	
4.5 Analyse der Kosten- und Ertragsstruktur im Weltluftverkehr.	71 - 74	
5. Der Flughafenverkehr und die Eingliederung der deutschen Verkehrsflughäfen in den Weltluftverkehr	75 - 82	7 - 9
6. Die Stellung der Luftfahrt in der Gesamtwirtschaft.	83 - 85	
7. Der Sportluftverkehr.	86 - 89	

Verzeichnis der Tabellen

Tab.-Nr.	Text	Seite
1	Die Entwicklung des Weltluftverkehrs nach Betriebs- und Verkehrsleistungen im Linienverkehr 1950-1958	16
2	Anteile des Personen-, Güter- und Postverkehrs an den gesamten Verkehrsleistungen im Weltluftverkehr 1950-1958	17
3	Anteile europäischer Länder und der USA am Welthandel und am Weltluftverkehr in den Jahren 1937/1938 sowie 1950-1958	19
4	Verzeichnis der IATA-Luftverkehrsgesellschaften (1958) (Alphabetische Reihenfolge der Kurzbezeichnungen)	21
5	Betriebs- und Verkehrsleistungen im planmäßigen Luftverkehr der z.Zt. in der IATA zusammengeschlossenen Luftverkehrsgesellschaften mit Vergleichswerten für die Jahre 1953-1957 - angebotene und genutzte tkm, Auslastung - Stand: 31.12.1958	23
6	Betriebs- und Verkehrsleistungen der in der IATA zusammengeschlossenen Luftverkehrsgesellschaften in den Jahren 1953-1958 - geflogene km, Zahl der Beschäftigten, spezifisch angebotene Verkehrsleistung -	27
7	Durchschnittliche Betriebs- und Verkehrsleistungen der in der IATA zusammengeschlossenen Luftverkehrsgesellschaften nach Verkehrsgebieten in den Jahren 1953-1958	31
8	Änderungen der Betriebs- und Verkehrsleistungen und der Zahl der Beschäftigten der in der IATA zusammengeschlossenen Luftverkehrsgesellschaften nach Verkehrsgebieten in den Jahren 1956 bis 1958	32
9	Verkehrssteigerung der IATA-Gesellschaften von 1953-1958	33
10	Reihenfolge der bedeutendsten IATA-Gesellschaften im Jahre 1958 mit den Vergleichswerten der Vorjahre (1953-1957)	35
11	Die wichtigsten IATA-Gesellschaften nach verkauften Verkehrsleistungen (tkm), Zahl der Flugzeuge und Zahl der Beschäftigten in den Jahren 1953-1958	37
12	Betriebs- und Verkehrsleistungen der Nicht-IATA-Gesellschaften im Vergleich zu den IATA-Gesellschaften in den Jahren 1953 bis 1958 nach Verkehrsgebieten	39
13	Der Anteil der Verkehrsleistungen der IATA-Luftverkehrsgesellschaften am Weltluftverkehr in den Jahren 1954-1958	41
14	Verkehrsleistungen der IATA-Gesellschaften 1950-1959	42
15	Die bedeutendsten IATA-Luftverkehrsgesellschaften nach Länge ihrer Flugliniennetze im Jahre 1959 mit den Vergleichswerten der Vorjahre	43
16	Betriebsdichte als $\frac{\text{Flug-km}}{\text{Netz-km}}$ einiger repräsentativer Luftverkehrsunternehmen (1955-1959)	44
17	Durchschnittlich zurückgelegte Reisestrecke pro Fluggast im planmäßigen Verkehr der IATA-Luftverkehrsgesellschaften (1958, 1957, 1956)	45

Tab.-Nr.	Text	Seite
18	Veränderung in der Sitzplatzkapazität des Flugzeugparks sowie in der Zahl der angebotenen und ausgenutzten Personen-km einiger repräsentativer IATA-Luftverkehrsgesellschaften in % jeweils gegenüber dem Vorjahr 1956 bis 1958	46
19	Vergleich zwischen der Größe des Flugzeugparks und den Verkehrsleistungen bei einigen repräsentativen Luftverkehrsgesellschaften Europas und der USA 1953-1958	47
20	Die zeitliche Ausnutzung einzelner Flugzeugmuster bei ausgewählten Luftverkehrsgesellschaften im Jahre 1957	49
21	Passagieraufkommen über dem Nordatlantik im Luft- und Seeverkehr 1946-1958	58
22	Anteil des Nordatlantik-Fluggastverkehrs in Richtung Europa-Nordamerika am gesamten Fluggastverkehr über den Nordatlantik 1948-1958	59
23	Saisonschwankungen im Nordatlantik-Fluggastverkehr 1948-1958	59
24	Anzahl der planmäßigen Flüge der einzelnen Luftverkehrsgesellschaften über dem Nordatlantik in den Jahren 1956-1958	60
25	Der Flugzeugpark im Weltluftverkehr 1953-1958	62
26	Flugzeugaufträge der Luftverkehrsgesellschaften der Welt. Stand: Ende 1958	63
27	Flugzeugaufträge der Luftverkehrsgesellschaften der Welt. Zusammenfassung nach Verkehrsgebieten und Flugzeugtypen. Stand: Ende 1958	67
28	Flugzeugaufträge der Luftverkehrsgesellschaften der Welt, Baumuster und Ablieferungstermine 1958-1963. Stand: 1.Mai 1959	68
29	Der Flugzeugpark des Weltluftverkehrs gesamt und IATA-Gesellschaften nach wichtigsten Flugzeugtypen in den Jahren 1953-1958	73
30	Der Flugzeugpark des Weltluftverkehrs gesamt und der der IATA-Gesellschaften, ausgewiesen nach Verkehrsgebieten und Flugzeugtypen in den Jahren 1953-1958	75
31	Flugzeugpark, Flugzeugbestellungen und Sitzplatzkapazität europäischer Luftverkehrsgesellschaften. Stand: 31.12.1957 und 31.12.1958	79
32	Flugzeugpark, Flugzeugbestellungen und Sitzplatzkapazität einiger US-Luftverkehrsgesellschaften. Stand: 31.12.1957 und 31.12.1958	79
33	Entwicklung des Bestandes an Lang- und Mittelstreckenflugzeugen einiger repräsentativer Luftverkehrsgesellschaften in Europa und USA	80
34	Anteil der Langstreckenflugzeuge am Flugzeugpark einiger wichtiger Luftverkehrsgesellschaften in % in den Jahren 1953-1958	81
35	Die Entwicklung des Flugzeugparks verschiedener IATA-Luftverkehrsgesellschaften 1947-1958. Langstrecken-Verkehrsflugzeuge, Europäische Luftverkehrsgesellschaften	82

Tab.-Nr.	Text	Seite
36	Die Entwicklung des Flugzeugparks verschiedener europäischer IATA-Luftverkehrsgesellschaften 1947-1958. Mittelstrecken-Verkehrsflugzeuge	83
37	Flugzeugpark, Sitzplatzkapazität und Flugzeugbestellungen der AIR FRANCE, Stand: 31.12.1957 und 31.12.1958	84
38	Flugzeugpark, Sitzplatzkapazität und Flugzeugbestellungen der ALITALIA, Stand: 31.12.1957 und 31.12.1958	85
39	Flugzeugpark, Sitzplatzkapazität und Flugzeugbestellungen der BEA, Stand: 31.12.1957 und 31.12.1958	86
40	Flugzeugpark, Sitzplatzkapazität und Flugzeugbestellungen der BOAC, Stand: 31.12.1957 und 31.12.1958	87
41	Flugzeugpark, Sitzplatzkapazität und Flugzeugbestellungen der DEUTSCHEN LUFTHANSA, Stand: 31.12.1957 und 31.12.1958	88
42	Flugzeugpark, Sitzplatzkapazität und Flugzeugbestellungen der KLM, Stand: 31.12.1957 und 31.12.1958	89
43	Flugzeugpark, Sitzplatzkapazität und Flugzeugbestellungen der SABENA, Stand: 31.12.1957 und 31.12.1958	90
44	Flugzeugpark, Sitzplatzkapazität und Flugzeugbestellungen des SAS, Stand: 31.12.1957 und 31.12.1958	91
45	Flugzeugpark, Sitzplatzkapazität und Flugzeugbestellungen der SWISSAIR, Stand: 31.12.1957 und 31.12.1958	92
46	Die Entwicklung des Flugzeugparks verschiedener IATA-Luftverkehrsgesellschaften 1947-1958 Langstrecken-Verkehrsflugzeuge der USA-Luftverkehrsgesellschaften	93
47	Die Entwicklung des Flugzeugparks verschiedener IATA-Luftverkehrsgesellschaften 1947-1958 Mittelstrecken-Verkehrsflugzeuge der USA-Luftverkehrsgesellschaften	94
48	Flugzeugpark, Sitzplatzkapazität und Flugzeugbestellungen der AAL. Stand: 31.12.1957 und 31.12.1958	95
49	Flugzeugpark, Sitzplatzkapazität und Flugzeugbestellungen der EAL. Stand: 31.12.1957 und 31.12.1958	96
50	Flugzeugpark, Sitzplatzkapazität und Flugzeugbestellungen der PAA. Stand: 31.12.1957 und 31.12.1958	97
51	Flugzeugpark, Sitzplatzkapazität und Flugzeugbestellungen der TWA. Stand: 31.12.1957 und 31.12.1958	98
52	Flugzeugpark, Sitzplatzkapazität und Flugzeugbestellungen der UAL. Stand: 31.12.1957 und 31.12.1958	99
53	Die finanzielle Entwicklung im Luftverkehr der Welt 1947-1958	102
54	Entwicklung der Aufwendungen und Erträge wichtiger europäischer Luftverkehrsgesellschaften 1951-1958	103
55	Verkehrserträge und Verkehrsaufwendungen inneramerikanischer und internationaler US-Luftverkehrsgesellschaften 1952-1958	105
56	Die finanzielle Entwicklung der kanadischen Luftverkehrsgesellschaften 1950-1958	106

TabNr.	Text	Seite
57	Kapital- und Ertragsstruktur ausgewählter IATA-Luftverkehrsgesellschaften in den Jahren 1957 und 1958 in Mio DM	107
58	Dividenden der wichtigsten Luftverkehrsgesellschaften der USA in den Jahren 1950-1958	108
59	Flugzeugbestand, Sitzplatzkapazität, Anschaffungswert und Buchwert des Fluggerätes europäischer und amerikanischer Luftverkehrsgesellschaften im Jahre 1957	109
60	Durchschnittliche Fluggasttarife repräsentativer Luftverkehrsgesellschaften der Welt im Jahre 1957	110
61	Durchschnittliche Luftposttarife repräsentativer Luftverkehrsgesellschaften der Welt im Jahre 1957	111
62	Durchschnittliche Frachttarife repräsentativer Luftverkehrsgesellschaften der Welt im Jahre 1957	112
63	Durchschnittliche Selbstkosten und Verkaufspreise je genutztem tkm im USA-Luftverkehr 1950-1958	113
64	Die Verteilung der Erträge der im planmäßigen Luftverkehr der USA tätigen Gesellschaften in den Jahren 1952 bis 1958 nach Verkehrsarten und Verkehrsgebieten	114
65	Verkehrsergebnisse der wichtigsten Luftverkehrsgesellschaften der Vereinigten Staaten von Nordamerika im kontinentalen und interkontinentalen Verkehr der Jahre 1957 und 1958	115
66	Erträge und Aufwendungen in DM je genutztem tkm im USA-Luftverkehr 1950-1958	116
67	Gesamterträge und Postsubventionen im USA-Luftverkehr 1950-1958	117
68	Aufgliederung der Verkehrserträge und Berechnung der Postsubventionen bei ausgewählten IATA-Luftverkehrsgesellschaften in den Jahren 1957 und 1958	118
69	Die Ertragsstruktur ausgewählter IATA-Luftverkehrsgesellschaften in den Jahren 1957 und 1958	119
70	Subventionszahlungen an acht europäische Luftverkehrsgesellschaften in den Jahren 1954-1958	120
71	Analyse der Kosten- und Ertragsstruktur des Weltluftverkehrs gegliedert nach Verkehrsgebieten für das Jahr 1957	121
72	Analyse der Kosten- und Ertragsstruktur kontinentaler und interkontinentaler europäischer Luftverkehrsgesellschaften in den Geschäftsjahren 1957/1958 und 1958/1959	122
73	Analyse der Kosten- und Ertragsstruktur der Deutschen Lufthansa A.G. für die Jahre 1957 und 1958	123
74	Analyse der Kosten- und Ertragsstruktur der internationalen und Inland-US-Luftverkehrsgesellschaften in den Jahren 1957 und 1958	125
75	Belastung der deutschen Verkehrsflughäfen im gewerblichen und nicht-gewerblichen Luftverkehr in den Jahren 1955-1958 (Flugzeugbewegungen)	128
76	Die Entwicklung des Verkehrs der deutschen Flughäfen in den Jahren 1937, 1950-1958	129

TabNr.	Text	Seite
77	Die Entwicklung des Verkehrs wichtiger europäischer Flughäfen in den Jahren 1935, 1951-1958	132
78	Die Entwicklung des Fluggastaufkommens der Flughäfen der Bundesrepublik Deutschland und Berlins im Auslandsverkehr in den Jahren 1951-1958 (Abflüge)	136
79	Die Entwicklung des Frachtaufkommens der Flughäfen der Bundesrepublik Deutschland und Berlins im Auslandsverkehr in den Jahren 1951-1958 (Abflüge)	137
80	Die Entwicklung des Postaufkommens der Flughäfen der Bundesrepublik Deutschland und Berlins im Auslandsverkehr in den Jahren 1951-1958 (Abflüge)	138
81	Höchst- und Tiefststand an Flugzeugbewegungen im gewerblichen Luftverkehr der deutschen Flughäfen für das Jahr 1958 mit den Vergleichswerten der Vorjahre	139
82	Beteiligung des Bundes an Verkehrsflughäfen in den Jahren 1954-1959	140
83	Luftfahrtproduktion der USA, Frankreichs und Kanadas in Mio $ in den Jahren 1952-1958	146
84	Export verschiedener Länder an Flugzeugen und Ersatzteilen in Mio $ 1944-1958	147
85	Ausgaben der USA für Aufgaben der Entwicklung und der Forschung 1951-1958	148
86	Flugstunden im Sportluftverkehr mit Motorflugzeugen in den Jahren 1951-1958	150
87	Flugstunden im Sportluftverkehr mit Segelflugzeugen in den Jahren 1951-1958	151
88	Übersicht über die Tätigkeit der nationalen Aero-Clubs in den Jahren 1957 und 1958	153
89	Zuschüsse verschiedener Länder für den Sportluftverkehr in den Jahren 1952-1958	159

Verzeichnis der Abbildungen

Abb.-Nr.	Text	Seite
1	Entwicklung des Weltluftverkehrs nach Betriebs- und Verkehrsleistungen im planmäßigen Luftverkehr 1949-1958	50
2	Entwicklung der angebotenen und ausgenutzten Verkehrsleistungen aller IATA-Gesellschaften im planmäßigen Luftverkehr 1949-1958. Gesamtverkehr	51
3	Entwicklung der angebotenen und ausgenutzten Verkehrsleistung aller IATA-Gesellschaften im planmäßigen Luftverkehr 1949-1958. Fluggastverkehr	51
4	Betriebsleistungen europäischer IATA-Gesellschaften im planmäßigen Luftverkehr in den Jahren 1957 und 1958	52
5	Angebotene Verkehrsleistungen im planmäßigen Luftverkehr europäischer Länder 1957 und 1958 (IATA-Gesellschaften)	53
6	Verkehrsleistungen, Flugzeugbestand und Ausnutzungsgrad im Luftverkehr europäischer Länder (IATA-Gesellschaften) im Jahre 1957	54
6a	Verkehrsleistungen, Flugzeugbestand und Ausnutzungsgrad im Luftverkehr europäischer Länder (IATA-Gesellschaften) im Jahre 1958	55
7	Grenzüberschreitender Fluggastverkehr der deutschen Verkehrsflughäfen im Jahre 1958	141
8	Grenzüberschreitender Frachtverkehr der deutschen Verkehrsflughäfen im Jahre 1958	142
9	Grenzüberschreitender Postverkehr der deutschen Verkehrsflughäfen im Jahre 1958	143

1.

Die Entwicklung der Verkehrsleistungen im Luftverkehr

(Tab. 1 - Tab. 20)

Tabelle 1

Die Entwicklung des Weltluftverkehrs[1]
nach Betriebs- und Verkehrsleistungen im Linienverkehr
1950 - 1958

Jahr	Geflogene km in Mio	Personen- km in Mio	Personen- tkm in Mio	Fracht- tkm in Mio	Post- tkm in Mio	Gesamt- tkm in Mio
1	2	3	4	5	6	7
1950	1 440	28 000	2 520	770	200	3 490
1951	1 620	35 000	3 100	930	240	4 270
1952	1 770	40 000	3 570	1 000	260	4 830
1953	1 920	47 000	4 140	1 050	280	5 470
1954	2 070	53 000	4 670	1 130	330	6 130
1955	2 300	62 000	5 440	1 330	380	7 150
1956	2 540	71 000	6 270	1 520	410	8 200
1957	2 840	82 000	7 110	1 670	440	9 220
1958	2 940	86 000	7 530	1 710	470	9 710

1. Ohne UdSSR und Volksrepublik China

Quelle: ICAO, Digest of Statistics Nr. 75, Serie T - Nr. 16

Tabelle 2

Anteile des Personen-, Güter- und Postverkehrs
an den gesamten Verkehrsleistungen im Weltluftverkehr
1950 - 1958

Jahr	Verkehrsart		
	Personen [%]	Güter [%]	Post [%]
1950	72	22	6
1951	73	21	6
1952	74	21	5
1953	76	19	5
1954	77	18	5
1955	76	19	5
1956	77	18	5
1957	77	18	5
1958	78	17	5

Additional material from *Die Entwicklung des Weltluftverkehrs bis 1957/1958*,
ISBN 978-3-663-04084-2 (978-3-663-04084-2_OSFO1),
is available at http://extras.springer.com

Tabelle 4

Verzeichnis der IATA-Luftverkehrsgesellschaften (1958)
(Alphabetische Reihenfolge der Kurzbezeichnungen)

Lfd. Nr.		Luftverkehrsgesellschaften	Land
1.	AAL	American Airlines Inc.	USA
2.	AER LINGUS	Aer Lingus Teoranta	Irland
3.	AERLINTE EIREANN	Aerlinte Eireann (Irish Air Lines)	Irland
4.	AEROLINEAS ARGENTINAS	Aerolineas Argentinas	Argentinien
5.	AERONAVES	Aeronaves de Mexiko S.A.	Mexiko
6.	AERO O/Y	Aero O/Y (Finnair)	Finnland
7.	AIR ALGERIE	Air Algerie	Algerien
8.	AIR CEYLON	Air Ceylon Ltd.	Ceylon
9.	AIR FRANCE	Air France	Frankreich
10.	AIR INDIA	Air India International	Indien
11.	AIR LIBAN	Air Liban	Libanon
12.	AIR VIETNAM	Air Vietnam	Vietnam
13.	AIRWORK	Airwork Limited	England
14.	ALITALIA-LAI	Alitalia - Linee Aeree Italiane	Italien
15.	ANA	Australian National Airways	Australien
16.	AUA	Austrian Airlines	Österreich
17.	AVIANCA	Aerovias Nacionales de Colombia	Kolumbien
18.	AVIACO	Aviacion y Comercia S.A.	Spanien
19.	BEA	British European Airways	England
20.	BOAC	British Overseas Airways Corp.	England
21.	BRANIFF	Braniff Airways Inc.	USA
22.	CAAC	Central African Airways Corp.	Afrika
23.	CAT	Civil Air Transport	China (Taiwan)
24.	CHICAGO	Chicago Helicopter Airways Inc.	USA
25.	CPAL	Canadian Pacific Air Lines Ltd.	Kanada
26.	CRUZEIRO	Servicos Aereos Cruzeiro do Sul S.A.	Brasilien
27.	CSA	Ceskoslovenske Aeroline N.P.	Tschechoslowakei
28.	CUBANA	Compania Cubana de Aviacion S.A	Kuba
29.	CYPRUS	Cyprus Airways Limited	Cypern
30.	DELTA	Delta Air Lines Inc.	USA
31.	DETA	Divisao de Exploracao dos Transportes Aereos	Mozambique
32.	DLH	Deutsche Lufthansa AG.	Bundesrepublik
33.	DTA	Divisao de Exploracao dos Transportes Aereos	Afrika
34.	EAAC	East African Airways Corp.	Afrika
35.	EAGLE AVIATION	Eagle Airways of Britain	England
36.	EAL	Eastern Air Lines Inc.	USA
37.	EL AL	El Al Israel Airlines Ltd.	Israel
38.	ETHIOPIAN	Ethiopian Air Lines Inc.	Äthiopien
39.	FLYING TIGER	The Flying Tiger Line Inc.	USA
40.	GARUDA	Garuda Indonesian Airways N.V.	Indonesien
41.	GUEST AEROVIAS	Guest Aerovias Mexico S.A.	Mexiko

Tabelle 4 (Fortsetzung)

Lfd. Nr.	Luftverkehrsgesellschaften		Land
42.	HAWAIIAN	Hawaiian Airlines Ltd.	Hawaii
43.	HUNTING-CLAN	Hunting-Clan Air Transport Ltd.	England
44.	IAC	Indian Airlines Corp.	Indien
45.	IBERIA	Iberia, Lineas Aereas de Espana S.A.	Spanien
46.	ICELANDAIR	Flugfelag Islands H.F.	Island
47.	IRANIAN	Iranian Airways	Iran
48.	IRAQI	Iraqi Airways	Irak
49.	JAL	Japan Air Lines Company Ltd.	Japan
50.	JAT	Jugoslovenski Aerotransport	Jugoslawien
51.	KLM	Royal Dutch Airlines	Holland
52.	LAN	Linea Aerea Nacional	Chile
53.	LAV	Linea Aeropostal Venezolana	Venezuela
54.	LOT	Polish Air Lines	Polen
55.	MALAYAN	Malayan Airways Ltd.	Malaya
56.	MEA	Middle East Airlines Company S.A.	Libanon
57.	MISRAIR	Misrair S.A.E.	Ägypten
58.	NAL	National Airlines Inc.	USA
59.	NEW YORK	New York Airways Inc.	USA
60.	NWA	Northwest Airlines Inc.	USA
61.	NZNAC	New Zealand National Airways Corp.	Neuseeland
62.	OLYMPIC	Olympic Airways S.A.	Griechenland
63.	PAB	Panair do Brasil S.A.	Brasilien
64.	PAL	Philippine Air Lines Inc.	Philippinen
65.	PANAGRA	Pan American-Grace Airways Inc.	USA
66.	PANAM	Pan American World Airways Inc.	USA
67.	PIA	Pakistan International Airlines Corp.	Pakistan
68.	QEA	Qantas Empire Airways Ltd.	Australien
69.	QUEBECAIR	Quebecair Inc.	Kanada
70.	REAL	Real Aerovias Nacional	Brasilien
71.	SAA	South African Airways	Afrika
72.	SABENA	Sabena Belgian Airways	Belgien
73.	SAS	Scandinavian Airlines System	Schweden
74.	SEABOARD	Seaboard & Western Airlines Inc.	USA
75.	SKYWAYS	Skyways Ltd.	England
76.	SUDAN	Sudan Airways	Sudan
77.	SWISSAIR	Swiss Air Transport Company Ltd.	Schweiz
78.	TAA	Tasman Empire Airways Ltd.	Neuseeland
79.	TAI	Compagnie de Transports Aeriens Intercontinentaux	Frankreich
80.	TAP	Transportes Aereos Portugueses S.A.R.L.	Portugal
81.	TCA	Trans-Canada Air Lines	Kanada
82.	THY	Turk Hava Yollari (Turkish Airlines Inc.)	Türkei
83.	TRANS CARIBBEAN	Trans Caribbean Airways Inc.	USA
84.	TWA	Trans World Airlines Inc.	USA
85.	UAL	United Air Lines	USA
86.	UAT	Union Aéromaritime de Transport	Frankreich
87.	VARIG	Empresa de Viacao Aerea Rio Grandense	Brasilien
88.	WAAC	Waac (Nigeria) Ltd.	Nigeria

Additional material from *Die Entwicklung des Weltluftverkehrs bis 1957/1958*,
ISBN 978-3-663-04084-2 (978-3-663-04084-2_OSFO2),
is available at http://extras.springer.com

Tabelle 7

Durchschnittliche Betriebs- und Verkehrsleistungen der in der IATA zusammengeschlossenen Luftverkehrsgesellschaften nach Verkehrsgebieten in den Jahren 1953 - 1958

Lfd. Nr.		Jahr	EUROPA	NORD-AMERIKA	MITTEL-u. SÜDAMERIKA	AFRIKA	ASIEN	AUSTRALIEN	NEUSEELAND
		1	2	3	4	5	6	7	8
1	Geflogene km (Mio)	1953	14,1	68,0	12,0	3,9	4,3	20,0	5,2
		1954	15,4	74,0	12,9	4,3	4,1	21,7	6,0
		1955	17,1	76,9	13,0	4,4	4,4	21,7	6,4
		1956	18,1	85,4	14,3	5,2	5,0	22,6	7,1
		1957	19,1	82,5	14,5	5,4	7,0	21,1	7,2
		1958	21,7	78,6	16,8	5,8	7,1	24,5	7,7
2	Angebotene tkm (Mio)	1953	70,5	396,0	39,3	12,9	16,5	82,0	18,5
		1954	89,0	450,0	47,0	15,8	16,5	95,1	18,2
		1955	96,5	484,4	52,9	18,8	20,3	107,2	19,8
		1956	102,5	560,0	59,2	19,5	22,5	121,0	23,0
		1957	111,5	559,5	64,7	22,5	36,2	124,6	24,0
		1958	132,0	544,4	78,0	25,3	34,0	143,6	27,0
3	Genutzte tkm (Mio)	1953	43,5	232,0	26,1	7,5	10,7	55,7	11,6
		1954	49,0	260,0	29,0	9,3	10,0	64,1	13,2
		1955	56,7	282,5	30,4	10,0	11,7	69,0	14,9
		1956	64,2	326,0	35,1	12,5	14,7	78,3	17,3
		1957	68,6	311,0	37,8	12,6	18,8	76,1	18,2
		1958	76,9	304,8	44,6	14,9	21,9	86,4	20,3
4	Durch-schnittl. Zahl der Beschäf-tigten	1953	3 600	7 900	2 500	890	1 040	3 680	640
		1954	3 800	8 400	2 700	840	1 030	3 940	850
		1955	4 170	8 290	2 830	1 011	1 150	4 250	994
		1956	4 075	9 298	2 901	1 139	1 430	4 393	1 108
		1957	4 480	8 626	3 064	1 278	1 490	4 504	1 176
		1958	4 810	8 203	3 467	1 228	2 090	4 588	1 254
5	Spezif. angebotene Verkehrs-leistung 1000 tkm/ Mitarb.u. Jahr	1953	19,5	50,2	15,3	12,6	14,4	22,6	27,0
		1954	21,7	53,6	17,1	18,7	16,1	24,1	21,4
		1955	23,0	58,5	18,7	15,7	16,3	25,3	19,9
		1956	24,2	54,4	20,4	17,1	15,7	27,8	20,9
		1957	24,9	64,9	19,0	17,6	19,2	27,6	20,2
		1958	27,5	66,4	22,5	20,6	16,3	31,3	21,9

Tabelle 8

Änderungsraten der Betriebs- und Verkehrsleistungen und der Zahl der Beschäftigten der in der IATA zusammengeschlossenen Luftverkehrsgesellschaften nach Verkehrsgebieten in den Jahren 1956 bis 1958

Lfd. Nr.	Leistungsart	EUROPA	NORD-AMERIKA	MITTEL-u. SÜDAMERIKA	AFRIKA	ASIEN	AUSTRALIEN	NEUSEELAND	IATA-Gesamt
1	2	3	4	5	6	7	8	9	
1	Geflogene km								
	1956/1955	+ 14,9	+ 11,3	+ 9,7	+ 18,4	+ 21,5	+ 4,3	+ 11,8	+ 12,0
	1957/1956	+ 9,9	+ 10,1	+ 12,8	+ 3,1	+ 60,4	- 6,9	+ 1,4	+ 10,1
	1958/1957	+ 13,8	+ 1,3	+ 39,0	+ 20,0	+ 2,0	+ 16,1	+ 6,9	+ 8,6
2	Angebotene tkm								
	1956/1955	+ 16,4	+ 15,7	+ 11,7	+ 33,8	+ 29,2	+ 12,5	+ 16,7	+ 16,2
	1957/1956	+ 17,9	+ 13,9	+ 9,3	+ 5,4	+ 45,4	+ 3,0	+ 3,0	+ 14,3
	1958/1957	+ 18,4	+ 3,4	+ 47,4	+ 26,7	+ 18,8	+ 15,2	+ 15,6	+ 10,4
3	Genutzte tkm								
	1956/1955	+ 18,2	+ 15,5	+ 16,0	+ 30,6	+ 32,3	+ 13,2	+ 16,5	+ 16,6
	1957/1956	+ 15,6	+ 8,9	+ 7,7	+ 5,5	+ 51,5	- 2,7	+ 4,9	+ 10,3
	1958/1957	+ 12,5	+ 4,1	+ 44,0	+ 19,1	+ 15,1	+ 13,5	+ 11,8	+ 9,3
4	Auslastung (Punkte)								
	1956/1955	+ 1,4	+ 0,2	+ 2,3	+ 10,6	+ 2,5	+ 0,5	- 1,5	+ 0,1
	1957/1956	- 1,2	- 2,6	- 1,0	+ 0,1	+ 2,6	- 3,5	- 1,5	- 2,0
	1958/1957	- 2,7	+ 0,4	- 1,3	- 3,6	- 2,1	- 1,0	- 2,5	- 0,6
5	Zahl der Beschäftigten								
	1956/1955	+ 10,8	+ 10,5	+ 2,6	+ 20,7	+ 33,9	+ 3,5	+ 11,6	+ 10,9
	1957/1956	+ 14,5	+ 7,7	+ 17,3	+ 4,5	+ 19,0	+ 2,5	+ 6,1	+ 10,5
	1958/1957	+ 7,1	+ 1,0	+ 24,5	+ 8,3	+ 40,3	+ 1,9	+ 6,6	+ 8,9

Tabelle 9

Verkehrssteigerung der IATA-Gesellschaften von 1953 bis 1958

	Gesamtergebnis (in Mio)					
	1958	1957	1956	1955	1954	1953
1	2	3	4	5	6	7
I genutzte tkm	8 446,0	7 724,0	7 002,0	6 007,0	5 197,0	4 603,0
II beförderte Fluggäste	69,2	64,5	58,6	51,7	44,4	39,4
III Fluggast-km	75 165,0	69 986,0	62 476,0	53 912,0	45 919,0	40 350,0
IV Flug-km	2 361,0	2 174,0	1 974,0	1 763,0	1 587,0	1 478,0

	Verkehrssteigerung (in %)					
	1957/58	1956/57	1955/56	1954/55	1953/54	1952/53
	8	9	10	11	12	13
I genutzte tkm	+ 9,3	+ 10,3	+ 16,6	+ 15,6	+ 12,9	+ 18,7
II beförderte Fluggäste	+ 7,3	+ 10,2	+ 13,2	+ 16,6	+ 12,6	+ 10,6
III Fluggast-km	+ 7,4	+ 12,0	+ 16,0	+ 17,4	+ 13,8	+ 9,6
IV Flug-km	+ 8,1	+ 10,1	+ 12,0	+ 11,1	+ 7,3	+ 13,6

Additional material from *Die Entwicklung des Weltluftverkehrs bis 1957/1958*,
ISBN 978-3-663-04084-2 (978-3-663-04084-2_OSFO3),
is available at http://extras.springer.com

Tabelle 12

Betriebs- und Verkehrsleistungen der Nicht-IATA-Gesellschaften im Vergleich zu den IATA-Gesellschaften in den Jahren 1953 bis 1958 nach Verkehrsgebieten

Flug-km in Mio

Lfd. Nr.	Verkehrs-gebiet [1]	Nicht-IATA-Gesellschaften						IATA-Gesellschaften					
		1953	1954	1955	1956	1957	1958	1953	1954	1955	1956	1957	1958
	1	2	3	4	5	6	7	8	9	10	11	12	13
1	Europa.........	14	14	21	14	24	20	319	354	405	452	491	560
2	**Nordamerika**...	216	221	251	320	346	332	870	953	1 067	1 199	1 320	1 337
3	Mittel- und Südamerika ...	4	7	21	43	187	163	110	116	117	128	145	201
4	Australien und Südpazifik...	16	21	22	22	27	18	69	78	78	82	92	103
5	Asien.........	29	45	48	59	33	37	47	50	58	70	77	112
6	Afrika.........	4	9	10	11	9	10	30	34	35	42	43	47
	Insgesamt	283	317	373	469	626	580	1 445	1 585	1 760	1 973	2 166	2 361

Fluggast-km in Mio

Lfd. Nr.	Verkehrs-gebiet [1]	Nicht-IATA-Gesellschaften						IATA-Gesellschaften					
		1953	1954	1955	1956	1957	1958	1953	1954	1955	1956	1957	1958
		14	15	16	17	18	19	20	21	22	23	24	25
1	Europa.........	193	196	233	255	340	225	7 891	8 812	10 682	13 976	14 867	16 965
2	**Nordamerika**...	3 137	3 317	3 871	5 573	6 118	6 428	27 369	31 476	37 195	42 387	46 853	47 495
3	Mittel- und Südamerika ...	92	111	273	590	3 367	3 099	1 826	2 025	2 225	2 560	3 112	4 164
4	Australien und Südpazifik...	214	246	285	339	456	216	1 529	1 551	1 647	2 009	2 218	2 614
5	Asien.........	354	522	604	702	826	856	823	1 137	1 388	1 508	1 807	2 821
6	Afrika.........	33	174	202	253	247	251	517	670	754	917	1 030	1 105
	Insgesamt	4 023	4 546	5 468	7 712	11 354	11 075	39 955	45 671	53 891	63 357	69 886	75 165

tkm insgesamt in Mio

Lfd. Nr.	Verkehrs-gebiet [1]	Nicht-IATA-Gesellschaften						IATA-Gesellschaften					
		1953	1954	1955	1956	1957	1958	1953	1954	1955	1956	1957	1958
		26	27	28	29	30	31	32	33	34	35	36	37
1	Europa.........	27	25	34	34	38	30	1 047	1 162	1 408	1 764	1 767	1 997
2	**Nordamerika**...	479	491	599	808	819	712	3 277	3 757	4 429	5 004	4 976	5 181
3	Mittel- und Südamerika ...	12	12	36	75	422	406	259	285	308	341	341	491
4	Australien und Südpazifik...	29	37	42	46	56	38	218	227	241	281	286	323
5	Asien.........	53	84	95	105	95	96	110	161	179	199	232	330
6	Afrika.........	6	21	25	29	25	27	63	82	89	109	113	123
	Insgesamt	606	670	831	1 097	1 455	1 309	4 974	5 674	6 654	7 687	7 715	8 446

Tabelle 12 (Fortsetzung)

Fluggast-tkm in Mio

Lfd. Nr.	Verkehrs-gebiet[1]	Nicht-IATA-Gesellschaften						IATA-Gesellschaften					
		1953	1954	1955	1956	1957	1958	1953	1954	1955	1956	1957	1958
		38	39	40	41	42	43	44	45	46	47	48	49
1	Europa.........	19	18	23	26	27	19	789	881	1 068	1 398	1 286	1 475
2	Nordamerika...	314	332	387	557	539	575	2 737	3 148	3 720	4 239	4 092	4 134
3	Mittel- und Südamerika....	9	11	27	59	236	243	183	203	223	256	250	355
4	Australien und Südpazifik...	21	25	29	34	46	27	153	155	165	201	195	227
5	Asien.........	35	52	60	70	72	74	82	114	139	151	176	243
6	Afrika........	3	17	20	25	21	31	52	67	75	92	92	99
	Insgesamt	401	455	546	771	941	969	3 996	4 568	5 390	6 337	6 091	6 532

Fracht-tkm in Mio[2]

Lfd. Nr.	Verkehrs-gebiet[1]	Nicht-IATA-Gesellschaften						IATA-Gesellschaften					
		1953	1954	1955	1956	1957	1958	1953	1954	1955	1956	1957	1958
		50	51	52	53	54	55	56	57	58	59	60	61
1	Europa.........	8	7	10	6	11	11	185	200	251	267	375	410
2	Nordamerika...	155	154	196	233	257	110	390	426	494	534	645	785
3	Mittel- und Südamerika....	3	1	7	15	174	151	71	76	78	79	84	128
4	Australien und Südpazifik...	8	12	13	12	10	11	53	58	63	64	75	80
5	Asien.........	5	36	29	29	17	16	23	39	31	36	43	67
6	Afrika........	3	4	5	4	2	5	7	10	9	11	13	15
	Insgesamt	182	205	260	299	471	304	729	809	926	980	1 235	1 484

Post-tkm in Mio

Lfd. Nr.	Verkehrs-gebiet[1]	Nicht-IATA-Gesellschaften						IATA-Gesellschaften					
		1953	1954	1955	1956	1957	1958	1953	1954	1955	1956	1957	1958
		62	63	64	65	66	67	68	69	70	71	72	73
1	Europa.........	-	-	-	2	-	-	73	81	89	99	105	114
2	Nordamerika...	10	14	16	18	24	26	150	183	215	231	239	262
3	Mittel- und Südamerika....	-	-	-	1	13	13	5	6	7	6	7	8
4	Australien und Südpazifik...	-	-	-	-	-	-	12	14	13	16	17	17
5	Asien.........	3	6	6	6	7	7	5	8	9	12	14	20
6	Afrika........	-	-	-	-	1	1	4	5	5	6	7	9
	Insgesamt	13	20	23	27	46	47	249	297	338	370	389	429

1. Maßgebend für die Zuordnung ist der Hauptsitz der Gesellschaft. Nicht enthalten sind die Ergebnisse der Sowjetunion und der Volksrepublik China, hinzugezählt wurden die Verkehrsleitungen Jugoslawiens
2. Einschl. Übergepäck

Quelle: ICAO, Digest of Statistics, No 67, No 75

Tabelle 13

Der Anteil der Verkehrsleistungen der IATA-Luftverkehrsgesellschaften am Weltluftverkehr[1] in den Jahren 1954 - 1958

Lfd. Nr.	Titel	1954 [%]	1955 [%]	1956 [%]	1957 [%]	1958 [%]
1	Genutzte tkm	86	84	85	83	87
2	Beförderte Fluggäste	76	76	75	74	79
3	Fluggast-tkm	88	87	87	85	87
4	Geflogene km	79	76	75	77	80

1. Planmäßiger Verkehr

Quelle: ICAO-Digest of Statistics No.54 und No.60
IATA-World Air Transport Statistics

Tabelle 14

Verkehrsleistungen der BIATA-Gesellschaften 1950 bis 1959

Lfd. Nr.	Titel	1950/51	1951/52	1952/53	1953/54	1954/55	1955/56	1956/57	1957/58	1958/59
1	2	3	4	5	6	7	8	9	10
	Planmäßiger Luftverkehr [1]									
1	angebotene tkm (Mio)	3,649	5,891	10,532	20,745	32,597	53,597	51,447	61,148	68,097
2	genutzte tkm (Mio)	1,980	3,437	6,608	12,264	18,830	31,631	32,024	36,574	43,644
3	Auslastung	54 %	58,4 %	62,7 %	59,1 %	57,8 %	57,1 %	62,2 %	59,9 %	64,1 %
4	beförderte Fluggäste	55 512	74 426	149 259	267 255	376 489	565 219	690 859	792 797	758 056
5	Fluggast-km (Mio)	17,171	23,357	56,358	102,839	152,288	204,640	261,170	288,031	304,267
6	Flug-km (Mio)	2,608	2,893	5,077	8,475	11,494	18,000	18,782	20,136	18,451
7	Fracht-tkm (Mio)	0,642	1,375	1,810	3,583	5,960	14,746	10,138	12,511	18,587
8	Post-tkm	14 578	16 644	22 104	33 580	70 080	56 940	74 460	48 180	40 296
	Nichtplanmäßiger Luftverkehr [1]									
9	angebotene tkm (Mio)	26,271	38,564	84,671	105,878	146,402	172,166	163,018	162,714	163,700
10	genutzte tkm (Mio)	12,976	25,862	55,829	72,850	95,645	130,120	129,975	140,379	151,176
11	Auslastung	49,4 %	67,2 %	66,0 %	68,9 %	65,4 %	75,2 %	79,6 %	86,3 %	92,3 %
12	beförderte Fluggäste zivil / Militär	46 699 / 4 926	21 471 / 53 789	87 299 / 88 285	74 959 / 147 285	64 043 / 214 594	258 713 / 204 700	322 538 / 157 035	307 693 / 137 821	331 717 / 142 085
13	Fluggast-km (Mio) zivil / Militär	. / .	48,485 / 174,592	58,770 / 308,000	124,632 / 504,971	144,814 / 618,475	202,704 / 836,645	230,470 / 826,083	164,590 / 647,911	209,307 / 675,093
14	Flug-km (Mio)	7,221	12,085	17,758	23,638	30,950	32,221	30,693	35,768	31,196
15	Fracht-tkm (Mio)	4,117	8,191	23,560	20,647	29,128	43,641	43,771	70,842	74,753

1. Rundflüge nicht enthalten

Quelle: Blakemere, A.M., Background to BIATA,
 The Aeroplane v. 18.4.1958, S.536
 The Aeroplane v. 13.11.1959, S.462

Tabelle 15

Die bedeutendsten IATA-Luftverkehrsgesellschaften nach der Länge ihrer Fluglinennetze im Jahre 1959 mit den Vergleichswerten der Vorjahre

Netzlänge in 1000 km

Lfd.	Luftverkehrsgesellschaft	Stand am: 30.Juni 1959	30.Juni 1958	30.Juni 1957	30.Juni 1956	30.Juni 1955
	1	2	3	4	5	6
1	AIR FRANCE	312,0	302,0	280,0	278,3	273,5
2	KLM	265,0	260,0	268,0	236,0	221,3
3	SAS	209,1	192,9	.	162,0	123,1
4	SABENA	209,0	158,0	150,0	124,2	121,7
5	QANTAS	133,0	110,0	105,6	96,8	98,5
6	BOAC	131,0	103,0	122,3	137,7	125,5
7	REAL	125,1	112,7	.	101,7	.
8	SWISSAIR	122,9	116,0	115,3	58,0	.
9	UAT	122,0	206,0	177,0	122,8	86,2
10	ALITALIA/LAI	119,0	76,7	48,5	88,1	.
11	PAA	112,5	109,0	103,0	101,8	101,0
12	DLH	93,0	60,8	43,0	22,0	.
13	PAB	86,5	93,5	85,5	83,0	.
14	TAI	82,5	82,0	54,9	51,5	35,0
15	TWA	77,3	77,2	56,3	56,3	53,1
16	CPAL	70,5	65,5	68,0	66,5	59,4
17	AEROLINEAS ARGENTINAS	62,1	61,5	60,7	60,3	.
18	SAA	60,6	63,5	58,5	42,8	42,8
19	MEA	54,5	75,0	30,0	15,3	9,7
20	IBERIA	54,0	68,0	71,3	20,3	.
21	BEA	52,0	61,3	52,3	47,5	34,0
22	TCA	50,6	52,0	42,0	38,6	36,9
23	FLYING TIGER	49,6	.	.	.	.
24	TAA	47,6	47,6	51,5	55,2	44,4
25	JAL	45,5	20,2	19,6	32,6	15,6

Quelle: Aeroplane, Vol.97,No. 2508, Vol.95, No.2462, Vol.93,No.2411, Vol.91,No.2360, Vol.89,No.2314
Auskünfte der Luftverkehrsgesellschaften

Tabelle 16

Betriebsdichte als $\frac{\text{Flug-km}}{\text{Netz-km}}$ 1) einiger repräsentativer Luftverkehrsunternehmen (1955 - 1959)

Lfd. Nr.	Luftverkehrs-gesellschaft	Betriebsdichte im Juni:				
		1959	1958	1957	1956	1955
	1	2	3	4	5	6
1	AAL	8 997	2 966	9 199	8 389	9 030
2	BEA	1 096	858	909	873	1 096
3	BOAC	490	609	519	421	404
4	CPAL	293	343	348	282	246
5	JAL	386	625	534	263	433
6	KLM	262	269	236	247	258
7	PAA	1 487	1 506	1 482	1 267	1 071
8	SAA	217	194	187	243	255
9	SABENA	213	249	346	238	239
10	SWISSAIR	273	252	191	328	-
11	TCA	1 570	1 368	1 568	1 430	1 348
12	TWA	2 453	2 472	3 070	2 778	2 699
13	UAL	9 679	9 312	10 630	9 776	7 421

1. Flug-km = Jahresleistung nach Angaben der IATA

   Netz-km = Stand jeweils am 30.Juni des Jahres. Nach Angaben des "Aeroplane" (Airlines of the World)

Tabelle 17

Durchschnittlich zurückgelegte Reisestrecke pro Fluggast im planmäßigen Verkehr der IATA-Luftverkehrsgesellschaften (1958, 1957, 1956)

Lfd. Nr.	0 km – 500 km				500 km – 1000 km				1000 km – 2000 km				mehr als 2000 km				Lfd. Nr.
	Luftverkehrs-gesellschaft	1958	1957	1956	Luftverkehrs-gesellschaft	1958	1957	1956	Luftverkehrs-gesellschaft	1958	1957	1956	Luftverkehrs-gesellschaft	1958	1957	1956	
	1	2	3	4	5	6	7	8	9	10	11	12	13	14	15	16	
1	QUEBECAIR	182	162	–	CSA	505	471	483	AAL	1034	1019	1004	PANAGRA	2033	1989	1922	1
2	SKYWAYS	320	373	–	AIR VIETNAM	553	916	578	NAL	1034	1070	1109	PAA	2053	2074	2032	2
3	AVIACO	367	378	385	BEA	557	539	521	AEROLINEAS ARGENT	1056	1009	952	KLM	2172	2230	2143	3
4	PAL	376	483	367	LOT	561	–	–	PIA	1106	1115	1085	GUEST AEROVIAS	2176	2182	2202	4
5	REAL AEROVIAS	377	–	–	LAV	568	548	792	AIR LIBAN	1125	1157	1024	TEAL	2180	2167	2163	5
6	AER LINGUS	413	386	374	CAT	570	607	762	UAL	1148	1174	1159	UAT	2261	2337	2487	6
7	THY	415	393	413	IRAQI AIRWAYS	608	664	616	ALITALIA[2]	1156	1630	1857	CPAL	2307	1817	1592	7
8	MALAYAN AIRWAYS	424	374	373	FLUGFELAG	611	1931	522	DLH	1207	1281	1396	EL AL	3896	4360	3736	8
9	AERO O/Y	427	420	411	OLAG	670	–	–	SAS	1221	1135	1079	AIR INDIA	4892	4536	4507	9
10	NZNAC	435	404	399[3]	CRUZEIRO	677	641	617	NORTHWEST	1241	1233	1233	BOAC	4920	4621	4830	10
11	OLYMPIC	445	408	387[3]	DETA	707	684	696	MIDDLE EAST	1272	1160	1015	AERLINTE EIREANN	4938	–	–	11
12	DTA	448	440	492	GARUDA	714	–	–	AIR FRANCE	1336	1256	1234	QEA	5066	4828	4973	12
13	JAT	460	466	508	IBERIA	727	650	671[1]	JAL	1342	1181	1126	TAI	5128	5056	5497	13
14	IRANIAN	475	534	–	ANSETT-ANA	734	448	713[1]	SAA	1375	1334	1399	HUNTING	5803	6113	6304	14
15	AVIANCA	489	466	472	CUBANA	748	811	721	SABENA	1456	1508	1457	AIRWORK	7548	7537	–	15
16	WAAC	494	474	728	BRANIFF	755	755	697	PANAIR	1459	1323	1187					16
17					MISRAIR	759	703	678	TWA	1521	1459	1437					17
18					INDIAN AIRLINES	764	–	–	TAP	1912	1881	1814					18
19					TAA	785	781	779									19
20					VARIG	787	709	695									20
21					AIR CEYLON	814	905	944									21
22					ETHIOPIAN	827	–	–									22
23					DELTA	836	827	790									23
24					CYPRUS AIRWAYS	848	752	718									24
25					CAAC	855	926	901									25
26					AIR ALGÉRIE	855	897	928									26
27					LAN	861	749	787									27
28					EAAC	900	548	433									28
29					TCA	928	931	925									29
30					EAL	947	954	855									30
31					SWISSAIR	958	887	787									31
32					AERONAVES DE MEXICO	965	703	–									32

1. Nur ANA
2. Fusioniert mit LAI
3. Für 1956 Angaben der TAE

Quelle: ITA-Bulletin, No.5, 1.II.1960
IATA-Statistics 1958, 1957

Tabelle 18

Veränderung in der Sitzplatzkapazität des Flugzeugparks, sowie in der Zahl der angebotenen und ausgenutzten Personen-km einiger repräsentativer IATA-Luftverkehrsgesellschaften in % jeweils gegenüber dem Vorjahr 1956 bis 1958

Lfd. Nr.	Land	Gesellschaft	Sitzplatzkapazität						Personen-km					
			Gesamt			je Flugzeug			angeboten			genutzt		
			1956	1957	1958	1956	1957	1958	1956	1957	1958	1956	1957	1958
1	2		3	4	5	6	7	8	9	10	11	12	13	14
1	Belgien	SABENA	+ 25,8	+ 3,3	+ 7,2	+ 8,6	− 4,7	+ 4,2	+ 13,0	+ 29,7	+ 31,8	+ 17,3	+ 36,8	+ 29,0
2	Bundesrepublik	DLH	+ 56,8	+ 58,5	+ 22,8	+ 4,7	+ 8,0	+ 4,0	+ 206,5	+ 53,1	+ 46,3	+ 268,0	+ 70,0	+ 36,1
3	Frankreich	AIR FRANCE	+ 18,4	+ 11,6	+ 0,4	− 1,9	+ 5,6	+ 1,1	+ 18,6	+ 11,0	+ 15,6	+ 22,0	+ 10,4	+ 5,7
4	Großbritannien	BEA	+ 12,3	+ 17,7	+ 15,4	+ 5,9	+ 12,0	+ 4,9	+ 15,1	+ 14,6	+ 16,2	+ 14,1	+ 16,3	+ 3,3
5	Großbritannien	BOAC	+ 44,1	+ 1,4	− 8,0	+ 12,3	− 10,5	+ 12,2	+ 11,8	+ 13,2	+ 15,8	+ 17,5	+ 13,3	+ 7,7
6	Italien	LAI/ALITALIA	− 4,7	+ 28,8	+ 39,9	+ 5,6	+ 3,1	+ 8,7	+ 1,6	− 21,2	+119,2	+ 16,0	− 15,9	+110,2
7	Niederlande	KLM	− 10,1	+ 34,6	+ 4,5	+ 5,0	+ 15,5	− 1,2	+ 12,0	+ 17,7	+ 13,1	+ 16,2	+ 14,0	+ 0,6
8	Schweiz	SWISSAIR	+ 24,3	+ 16,4	+ 4,1	+ 6,6	+ 5,1	− 2,3	+ 15,8	+ 51,3	+ 21,5	+ 17,0	+ 44,8	+ 16,1
9	Skandinavien	SAS	+ 34,9	+ 13,6	+ 0,8	+ 7,5	+ 17,7	+ 4,2	+ 14,6	+ 29,0	+ 15,5	+ 20,5	+ 25,8	+ 13,1
10	USA	AAL	+ 9,1	+ 18,1	− 4,6	+ 2,3	+ 14,3	+ 2,3	+ 11,6	+ 10,7	− 3,7	+ 12,2	+ 5,0	− 2,5
11	USA	EAL	+ 32,6	+ 8,4	+ 16,3	+ 2,2	+ 0,2	+ 5,7	+ 16,6	+ 17,5	+ 0,3	+ 16,2	+ 15,8	− 11,3
12	USA	PAA	+ 7,0	+ 6,9	+ 3,7	+ 6,0	− 2,5	+ 4,0	+ 17,2	+ 12,1	+ 4,0	+ 18,1	+ 13,5	− 0,4
13	USA	TWA	+ 0,5	+ 16,6	+ 6,5	+ 1,1	+ 0,0	+ 5,3	+ 14,5	+ 12,7	+ 1,7	+ 12,9	+ 10,7	+ 1,2
14	USA	UAL	+ 5,2	+ 14,7	+ 7,8	+ 5,0	+ 9,0	+ 3,9	+ 14,1	+ 11,9	+ 7,1	+ 13,2	+ 7,7	+ 6,8

Quelle: Geschäftsberichte und Auskünfte der Luftverkehrsgesellschaften
IATA - World Air Transport Statistics

Additional material from *Die Entwicklung des Weltluftverkehrs bis 1957/1958*,
ISBN 978-3-663-04084-2 (978-3-663-04084-2_OSFO4),
is available at http://extras.springer.com

Tabelle 20

Die zeitliche Ausnutzung einzelner Flugzeugmuster bei ausgewählten Luftverkehrsgesellschaften im Jahre 1957

Lfd. Nr.	Flugzeugtyp	AIR FRANCE	ALITALIA	BEA	BOAC	DLH	KLM	SABENA	SAS	SWISSAIR	AAL	EAL	PAA	TWA	UAL
		2	3	4	5	6	7	8	9	10	11	12	13	14	15
1	Airspeed Ambassador (Elizabethan)			4:36											
2	Boeing B-377				5:16								9:29		
3	Bréguet 763	5:20													
4	Britannia 102				6:34										
5	Britannia 312				1:53										
6	Convair CV-240					0:30	4:32			5:21	7:06		2:17		
7	Convair CV-340		4:55			7:06	5:19					7:42			5:54
8	Convair CV-440					7:06		.	7:31	6:42					
9	DH-89			1:36											
10	DH-114			2:30											
11	Douglas DC-3, C-47A	2:23	2:50	4:06		6:11	2:20	.	2:04	3:58	3:30	5:34	6:32	4:57	4:55
12	Douglas DC-4, C-54A	4:30			7:24		5:45	.		6:45	8:49	7:50	5:09		8:51
13	Douglas DC-6		7:56				6:35	.	5:44		8:21	8:51	7:56		7:57
14	Douglas DC-6A,B,C		7:56				8:44	.	10:29	9:21	9:19	9:42	9:39		9:44
15	Douglas DC-7B,C		0:57		7:41		6:33		12:22	11:05					
16	Lockheed L-049D											9:40	4:57	9:41	
17	Lockheed L-749	6:28			6:16		7:31					8:30		7:45	
18	Lockheed L-1049A,B						9:44					11:31		8:15	
19	Lockheed L-1049C,D,E,G,H	9:07				8:52						10:42		9:51	
20	Lockheed L-1649A	4:46				3:38								8:28	
21	Martin 202A													6:15	
22	Martin 404											8:35		6:33	
23	SAAB Scandia								2:17						
24	Twin Pioneer									2:15					
25	Vickers Viscount 700	5:17	3:20	6:30											
26	Vickers Viscount 800			4:55			2:38								
27	Vickers Viking					6:42									

Quelle: ICAO-Digest, No. 76, Serie FP-No. 11
Geschäftsberichte

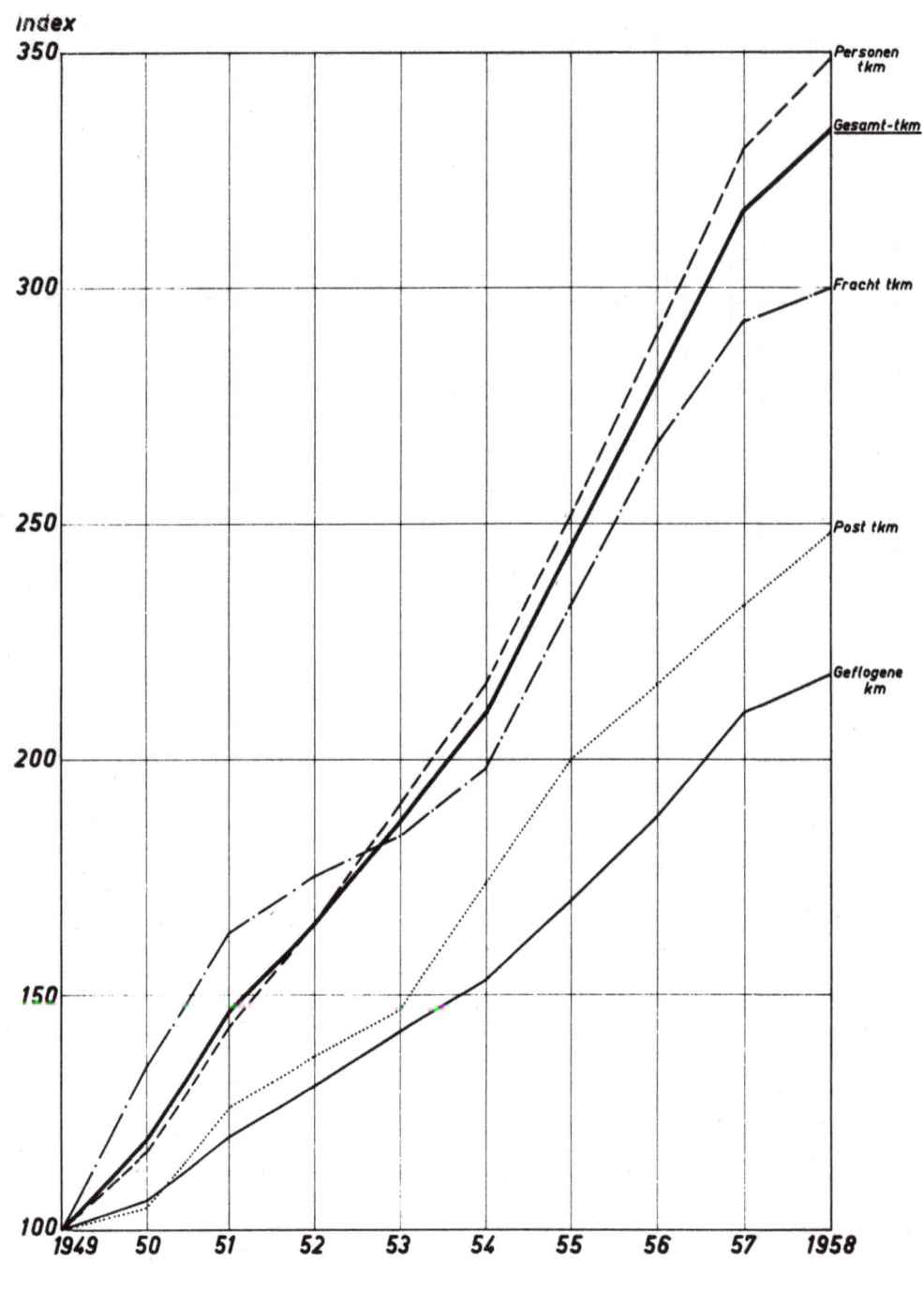

Abbildung 1

Entwicklung des Weltluftverkehrs nach Betriebs- und Verkehrsleistungen im planmäßigen Luftverkehr 1949 - 1958 (Index 1949 = 100)

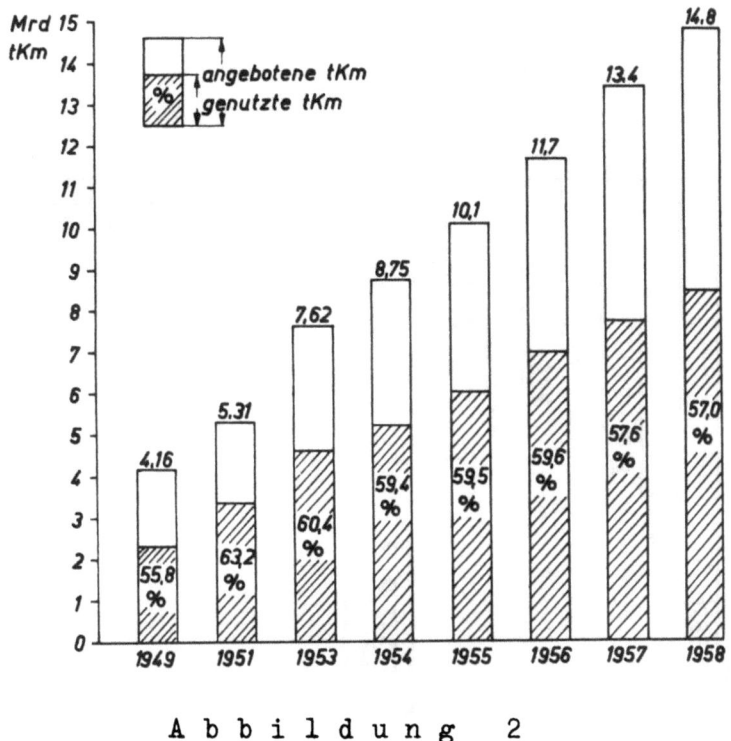

Abbildung 2
Gesamtverkehr

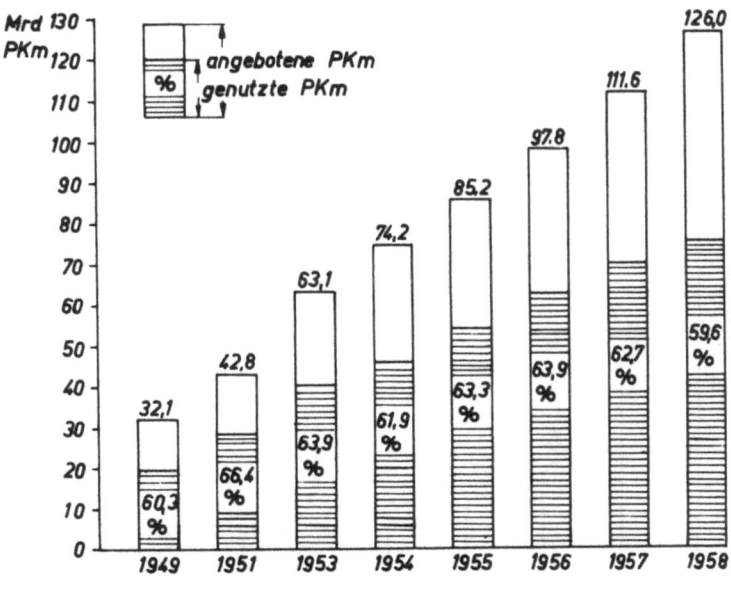

Abbildung 3
Fluggastverkehr

Entwicklung der angebotenen und genutzten Verkehrsleistung aller IATA-Gesellschaften im planmäßigen Luftverkehr 1949 - 1958

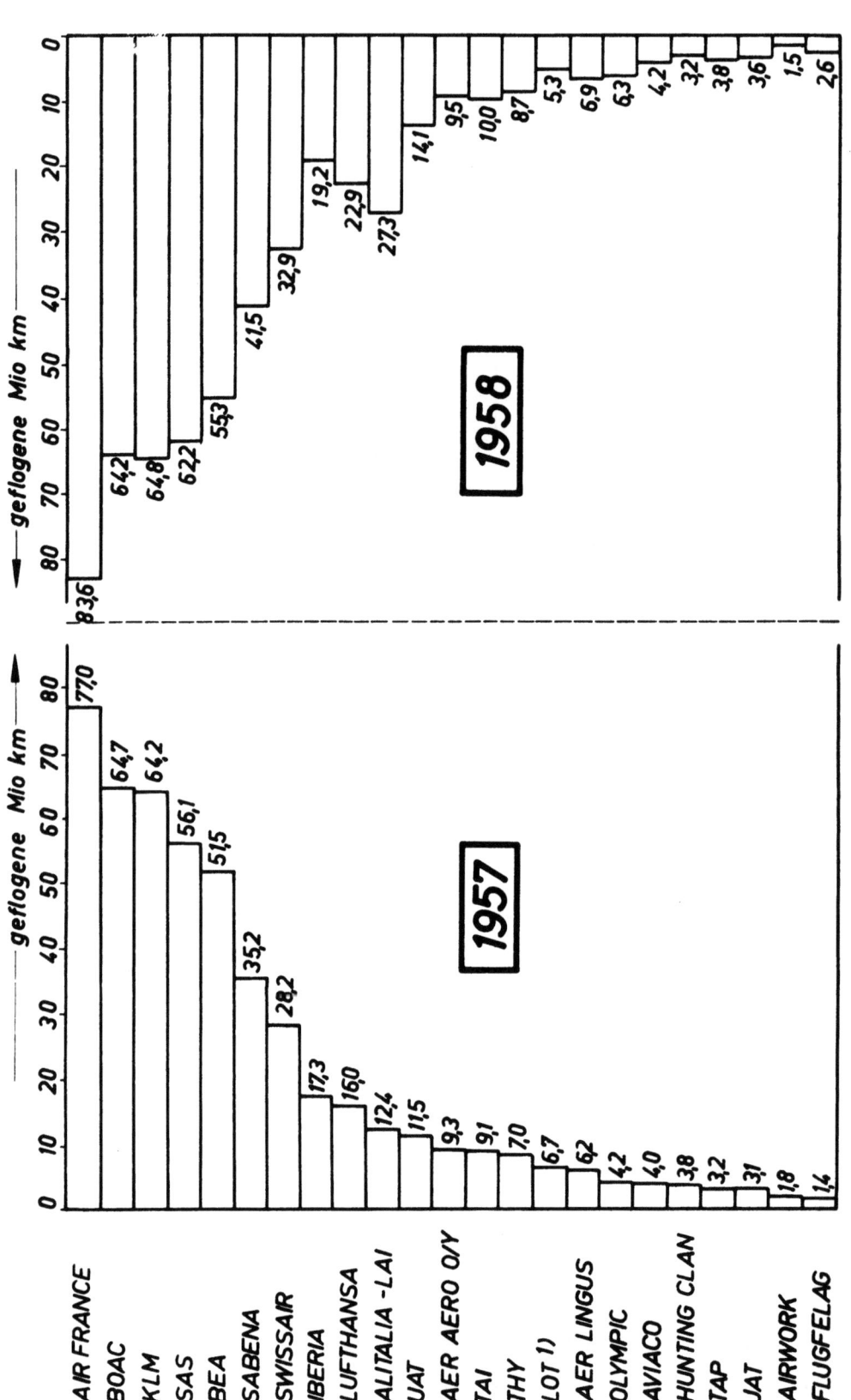

Abbildung 4

Betriebsleistungen europäischer IATA-Gesellschaften im planmäßigen Luftverkehr in den Jahren 1957 und 1958

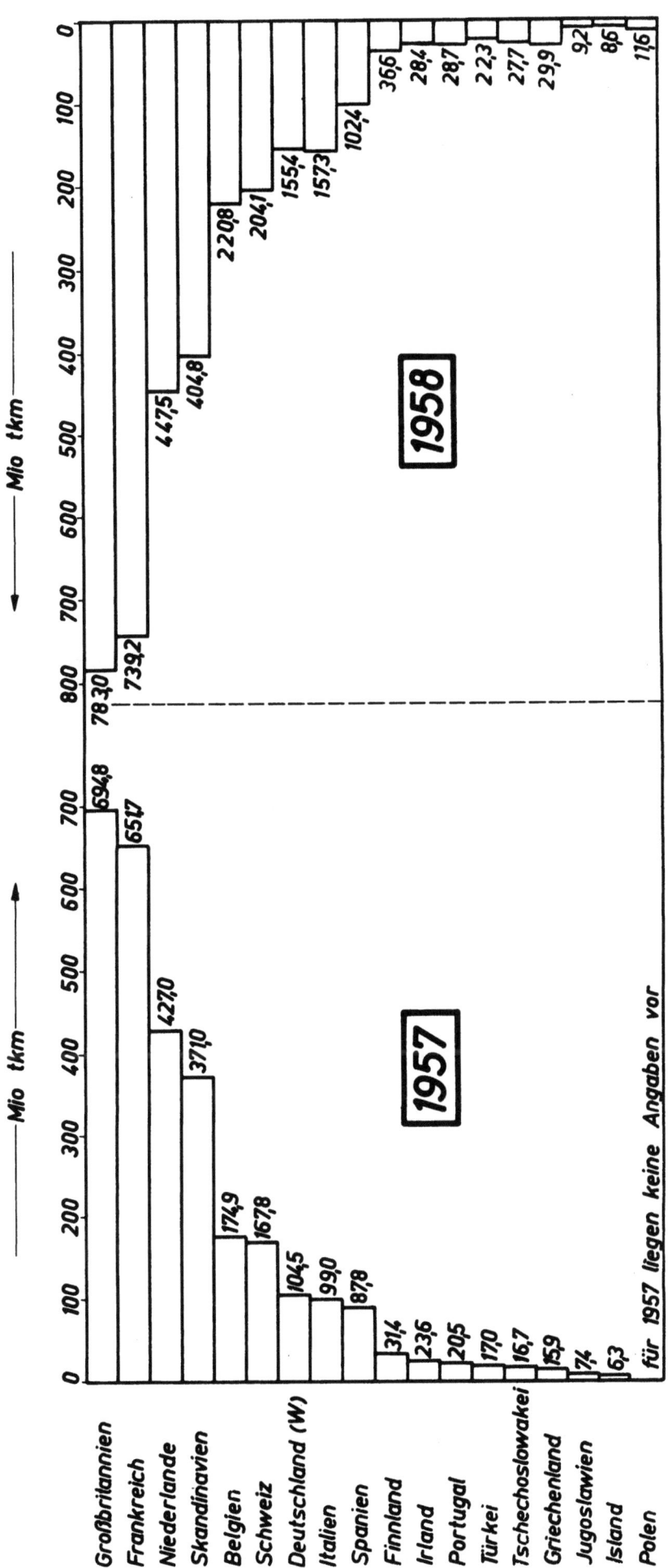

Abbildung 5

Angebotene Verkehrsleistungen im planmäßigen Luftverkehr europäischer Länder 1957 und 1958 (IATA-Gesellschaften)

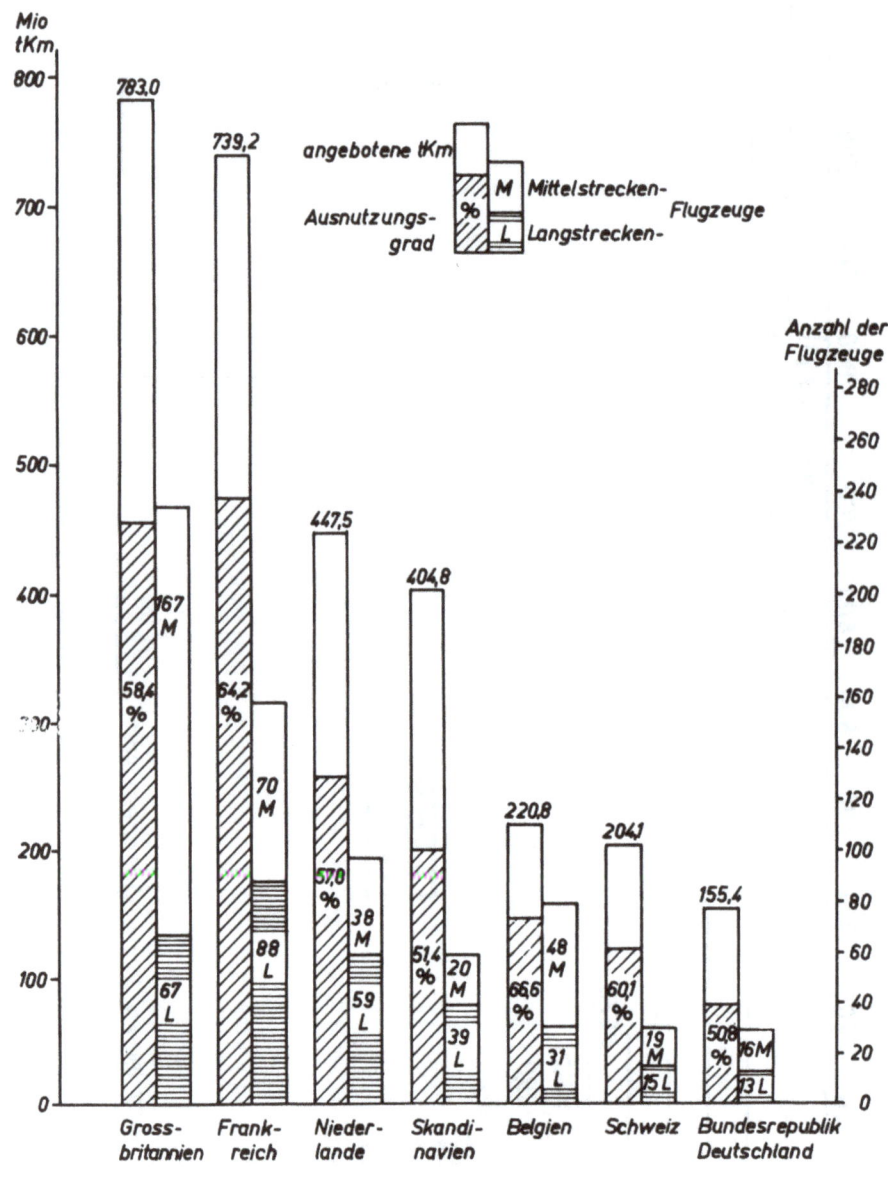

Abbildung 6

Verkehrsleistungen, Flugzeugbestand und Ausnutzungsgrad im Luftverkehr europäischer Länder (IATA-Gesellschaften) im Jahre 1957

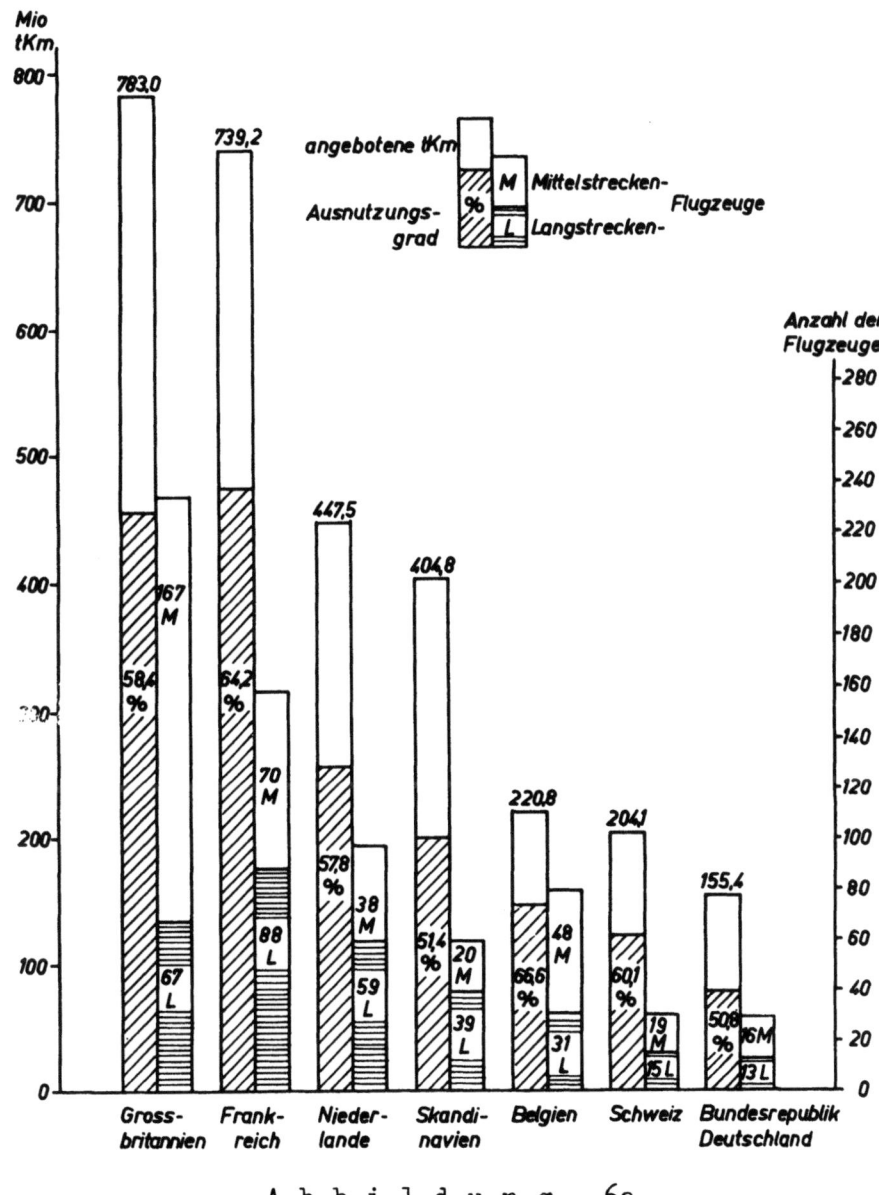

Abbildung 6a

Verkehrsleistungen, Flugzeugbestand und Ausnutzungsgrad im Luftverkehr europäischer Länder (IATA-Gesellschaften) im Jahre 1958

2.

Die Entwicklung des

Nordatlantik-Luftverkehrs

(Tab. 21 - Tab. 24)

T a b e l l e   21

Passagieraufkommen über dem Nordatlantik
im Luft- und Seeverkehr 1946 bis 1958

Jahr	Zahl der LVG	Flug-passagiere	Schiffs-passagiere	Anteil des Luftverkehrs [%]
1	2	3	4	5
1946	.	104 980	405 000	20,6
1947	.	209 113	465 000	31,0
1948	.	252 217	501 266	33,4
1949	10	273 025	651 640	29,4
1950	10	316 827	693 158	31,3
1951	11	339 096	710 092	32,3
1952	11	432 300	842 300	33,9
1953	11	522 496	892 113	36,9
1954	12	578 471	938 033	38,1
1955	14	690 300	964 200	41,7
1956	15	849 500	1 027 900	45,2
1957	15	1 041 900	1 037 200	50,1
1958	17	1 289 900	958 000	57,5

Quelle: ITA - Bulletin, 1957, Nr.8
ITA - Bulletin, 1957, Nr.19
ITA - Bulletin, 1958, Nr.19
ITA - Bulletin, 1959, Nr.26

Tabelle 22

Anteil des Nordatlantik-Fluggastverkehrs in Richtung Europa-Nordamerika
am gesamten Fluggastverkehr über den Nordatlantik 1948 bis 1958

Jahr	1948	1949	1950	1951	1952	1953	1954	1955	1956	1957	1958
1	2	3	4	5	6	7	8	9	10	11	12
Europa-Nordamerika in % des gesamten Fluggastverkehrs	59,9	55,0	54,3	55,1	53,5	53,1	52,5	51,9	54,2	56,1	53,7

Quelle: ITA-Bulletin No 8 vom 25.2.1957, 116/C
ITA-Bulletin No 19 vom 13.5.1957, 262/ND
IATA-World Air Transport Statistics

Tabelle 23

Saisonschwankungen im Nordatlantik-Fluggastverkehr
1948 - 1958

Jahr	Europa-Nordamerika				Nordamerika-Europa			
	Höchststand		Tiefststand		Höchststand		Tiefststand	
	Monat	% vom JD	Monat	% vom JD	Monat	% vom JD	Monat	% vom JD
1	2	3	4	5	6	7	8	9
1948	Sept.	175	Febr.	46	Juni	212	Febr.	40
1949	Sept.	184	Febr.	61	Juni	196	Jan.	51
1950	Sept.	187	Jan.	58	Juni	182	Jan.	54
1951	Sept.	168	Jan.	60	Juni	152	Jan.	61
1952	Sept.	184	Febr.	55	Juni	186	Jan.	53
1953	Sept.	196	Febr.	48	Juni	174	Febr.	57
1954	Sept.	192	Febr.	47	Juni	192	Febr.	53
1955	Aug.	188	Febr.	47	Juni	197	Febr.	55
1956	Sept.	182	Febr.	49	Juni	200	Febr.	56
1957	Aug.	167	Febr.	54	Juni	187	Febr.	48
1958	Aug.	194	Febr.	45	Juni	200	Febr.	43

Quelle: IATA-World Air Transport Statistics

Tabelle 24

Anzahl der planmäßigen Flüge der einzelnen Luftverkehrsgesellschaften über dem Nordatlantik in den Jahren 1956 - 1958[1]

Lfd. Nr.	Luftverkehrsgesellschaft	1958	1957	1956
1	AIR FRANCE	2 127	1 735	1 367
2	AERLINTE	270	-	-
3	ALITALIA	711	453	-
4	BOAC	3 325	2 569	2 164
5	CPAL	483	408	-
6	DLH	1 198	835	827
7	EL AL	372	241	261
8	IBERIA	333	272	219
9	KLM	2 529	2 160	2 002
10	LAI [2]	-	-	437
11	PAA	6 787	6 529	5 975
12	QANTAS	191	-	-
13	SABENA	1 479	981	767
14	SAS	2 831	1 957	1 440
15	SWISSAIR	941	761	621
16	TCA	1 223	989	799
17	TWA	4 143	3 881	4 008
	Gesamt	28 943	23 771	20 887

1. Ausgenommen Nur-Frachtverkehr
2. Ab 1957 mit ALITALIA fusioniert

Quelle: ITA-Bulletin, 1959, No 26
ITA-Bulletin, 1958, No 19
ITA-Bulletin, 1957, No 19

3.

Der Flugzeugpark

der

Luftverkehrsgesellschaften
(Tab. 25 - Tab. 52)

T a b e l l e 25

Der Flugzeugpark im Weltluftverkehr 1953 bis 1958

Flugzeugtypen	Zahl der Flugzeuge												
	Welt						IATA						
	1953	1954	1955	1956	1957	1958	1953	1954	1955	1956	1957	1958
1	2	3	4	5	6	7	8	9	10	11	12	13
Langstrecken-flugzeuge.........	1212	1256	1255	1382	1654	1763	934	1005	1056	1169	1409	1521
Mittel- und Kurz-streckenflugzeuge...	3606	3024	3226	3563	3254	3395	1526	1472	1473	1621	1697	1881
Flugzeuge insges.	4818	4280	4481	4945	4908	5158	2460	2477[1]	2529[2]	2790	3106	3402

1. Nach IATA-Bulletin 21 sind als Summe 2525 Flugzeuge ausgewiesen -
2. Nach IATA-Bulletin 23 sind als Summe 2580 Flugzeuge ausgewiesen

Quelle: IATA-Bulletin 19, 21 und 23
IATA-Statistics 1957, 1958, 1959
Jane's All The World's Aircraft für die Jahre bis 1956 einschließlich
The Aeroplane v. 18.4.1958
The Aeroplane v. 13.11.1959

Tabelle 26

Flugzeugaufträge der Luftverkehrsgesellschaften der Welt

Stand: Ende 1958

Luftverkehrsgesellschaft	Typ	Anzahl
EUROPA		
Aer Lingus	Fokker F.27	6
	Viscount 808	3
Aero O/Y	Caravelle	3
Air France	Caravelle	24
	Boeing 707-328	17
Airwork	Viscount 831	3
Alitalia-LAI	DC-8	7
BEA	Comet 4B	6
	de Havilland 121	24
	Vanguard 951	20
	Viscount 806	1
BOAC	Comet 4B	13
	Boeing 707-436	15
	Vickers VC-10	35
Braathen's SAFE	Fokker F.27	2
Deutsche Lufthansa	Boeing 707-430	4
	Viscount 814	7
Hunting Clan	Viscount 833	3
KLM	DC-8	8
	Electra	12
	Fokker F.27	2
Olympic Airways	DC-8	2
Sabena	Boeing 707-329	5
SAS	Caravelle	16
	DC-8	7
Swissair	Convair 880	5
	DC-8	3
TAI	DC-8	2
UAT	DC-8	2
	Insgesamt	257

Tabelle 26 (Fortsetzung)

Luftverkehrsgesellschaft	Typ	Anzahl
NORDAMERIKA		
Aeronaves de Mexico	Electra	3
Aloha Airlines	Fairchild F.27	3
American Airlines	Convair 600	25
	Boeing 707-123	25
	Boeing 707-023	25
	Electra	35
Bonanza Airlines	Fairchild F.27	6
Braniff Airways	Boeing 707-227	5
	Electra	9
Capital Airlines	Convair 880	10
Continental Air Lines	Boeing 707-124	4
	Viscount 812	3
Cubana	Boeing 707-139	2
	Britannia 318	3
	Viscount 818	3
Delta Air Lines	Convair 880	10
	DC-8	8
Eastern Air Lines	DC-8	20
	Electra	29
National Airlines	DC-8	3
	Electra	23
Northeast	Viscount 798	1
Northern Consolidated Airlines	Fairchild F.27	1
Northwest Airlines	DC-8	5
	Electra	10
Ozark Air Lines	Fairchild F.27	3
Pacific Air Lines	Fairchild F.27	6
Pacific Southwest Airlines	Electra	3
Panagra	DC-8	4
Pan American World Airways	Boeing 707-121 & 321	17
	DC-8	17
Piedmont Airlines	Fairchild F.27	7
Trans-Canada Airlines	DC-8	6
	Vanguard 952	20
	Viscount 757	4
Trans-Caribbean Airways	DC-8	1
Trans Mar de Cortes	Fairchild F.27	1
TWA	Convair 880	30
	Boeing 707-131 & 331	33
	Übertrag	423

T a b e l l e 26 (Fortsetzung)

Luftverkehrsgesellschaft	Typ	Anzahl
	Übertrag	423
United Air Lines	Boeing 720	11
	DC-8	40
Western Air Lines	Electra	9
Wheeler Airlines	Fairchild F.27	2
Wien Alaska Airlines	Fairchild F.27	2
	Insgesamt	487
SÜDAMERIKA		
Aerolineas Argentinas	Comet 4	6
	Fairchild F.27	10
Aerovias Ecuatorianas	Fairchild F.27	1
Panair do Brasil	DC-8	4
Pluna	Viscount 769	2
REAL/Aerovias	Convair 880	3
Transcontinental	Convair 880	4
Varig	Caravelle	2
	Boeing 707-441	2
VASP	Viscount 827	1
	Insgesamt	35
AUSTRALIEN		
Ansett/ANA	Electra	2
	Viscount 832	4
	Fokker F.27	6
East-West Airlines	Fokker F.27	1
New Zealand National Airways	Viscount 807	2
Qantas	Boeing 707-138	7
	Electra	4
Trans-Australia Airlines	Electra	2
	Fokker F.27	12
	Viscount 816	2
Tasman Empire Airways	Electra	3
	Insgesamt	45

Tabelle 26 (Fortsetzung)

Luftverkehrsgesellschaft	Typ	Anzahl
ASIEN		
Air India International	Boeing 707-437	3
Cathay Pacific Airways	Electra	2
Garuda Indonesian Airways	Electra	3
Japan Air Lines	DC-8	4
Pakistan International Airlines	Viscount 815	5
Philippine Air Lines	Fokker F.27	2
	Insgesamt	19
AFRIKA		
Air Algerie	Caravelle	4
East African Airways	Comet 4	2
Royal Air Maroc	Caravelle	1
South African Airways	Boeing 707-320	3
	Viscount 813	2
Sudan Airways	Viscount 831	1
	Insgesamt	13
	Gesamtsumme	856

Tabelle 27

Flugzeugaufträge der Luftverkehrsgesellschaften der Welt
Zusammenfassung nach Verkehrsgebieten und Flugzeugtypen
Stand: Ende 1958

Auftraggeber	Typ	Anzahl
Europäische Luftverkehrsgesellschaften..........	Boeing 707 Caravelle Comet IV Convair 880 DC-8 D.H. 121 Electra Fokker F.27 Vanguard 951 Vickers VC-10 Viscount	41 43 19 5 31 24 12 10 20 35 17
	Insgesamt	257
Nordamerikanische Luftverkehrsgesellschaften	Boeing 707 Boeing 720 Britannia 318 Convair 600 Convair 880 DC-8 Electra Fairchild F.27 Vanguard 952 Viscount	111 11 3 25 50 104 121 31 20 11
	Insgesamt	487
Südamerikanische Luftverkehrsgesellschaften	Boeing 707 Caravelle Comet IV Convair 880 DC-8 Fairchild F.27 Viscount	2 2 6 7 4 11 3
	Insgesamt	35
Afrikanische Luftverkehrsgesellschaften	Boeing 707 Caravelle Comet IV Viscount	3 5 2 3
	Insgesamt	13
Asiatische Luftverkehrsgesellschaften	Boeing 707 DC-8 Electra Fokker F.27 Viscount	3 4 5 2 5
	Insgesamt	19
Australische Luftverkehrsgesellschaften	Boeing 707 Electra Fokker F.27 Viscount	7 11 19 8
	Insgesamt	45
	Gesamtsumme	856

Tabelle 28

Flugzeugaufträge der Luftverkehrsgesellschaften der Welt
Baumuster und Ablieferungstermine 1958 - 1963
Stand: 1.Mai 1959

(A) Lang- und Mittelstrecken-Strahlflugzeuge

Auftraggeber	Typ	Ablieferungstermine				
		1958	1959	1960	1961	1963
EUROPA						
AERO O/Y	Caravelle	-	-	3	-	-
AIR FRANCE	Caravelle	-	9	15	-	-
	Boeing 707-328	-	2	15	-	-
ALITALIA-LAI	DC-8	-	-	-	7	-
BEA	Comet 4B	-	3	3	-	-
	De Havilland 121	-	-	-	-	24
BOAC	Comet 4B	6	13	-	-	-
	Boeing 707-436	-	-	15	-	-
	Vickers VC-10	-	-	-	-	35
DEUTSCHE LUFTHANSA	Boeing 707-430	-	-	3	1	-
KLM	DC-8	-	-	8	-	-
OLYMPIC AIRWAYS	DC-8	-	-	2	-	-
SABENA	Boeing 707-329	-	1	4	-	-
SAS	Caravelle	-	6	10	-	-
	DC-8	-	-	7	-	-
SWISSAIR	Convair 880	-	-	4	1	-
	DC-8	-	-	2	1	-
TAI	DC-8	-	-	2	-	-
UAT	DC-8	-	-	2	-	-
NORDAMERIKA						
AMERICAN AIRLINES	Convair 600	-	-	-	25	-
	Boeing 707-123	-	25	-	-	-
	Boeing 707-023	-	-	13	12	-
BRANIFF AIRWAYS	Boeing 707-227	-	5	-	-	-
CAPITAL AIRLINES	Convair 880	-	-	6	4	-
CONTINENTAL AIRLINES	Boeing 707-124	-	4	-	-	-
CUBANA	Boeing 707-139	-	-	2	-	-
DELTA AIR LINES	Convair 880	-	-	10	-	-
	DC-8	-	-	8	-	-
EASTERN AIR LINES	DC-8	-	6	14	-	-
NATIONAL AIRLINES	DC-8	-	-	3	-	-
NORTHWEST AIRLINES	DC-8	-	-	5	-	-

Tabelle 28 (Fortsetzung)

Auftraggeber	Typ	Ablieferungstermine				
		1958	1959	1960	1961	1963
PANAGRA	DC-8	-	-	4	-	-
PAN AMERICAN WORLD AIRWAYS	Boeing 707-121 & 321	6	17	-	-	-
	DC-8	-	-	17	-	-
TRANS-CANADA AIR LINES	DC-8	-	-	4	2	-
TRANS-CARIBBEAN AIRWAYS	DC-8	-	-	1	-	-
TWA	Convair 880	-	2	28	-	-
	Boeing 707-131 & 331	-	19	14	-	-
UNITED AIR LINES	Boeing 720	-	-	11	-	-
	DC-8	-	8	32	-	-
SÜDAMERIKA						
AEROLINES ARGENT.	Comet 4	-	3	3	-	-
PANAIR DO BRASIL	DC-8	-	-	-	4	-
REAL/AEROVIAS	Convair 880	-	-	1	2	-
TRANSCONTINENTAL	Convair 880	-	-	-	4	-
VARIG	Caravelle	-	2	-	-	-
	Boeing 707-441	-	-	2	-	-
AUSTRALIEN						
QANTAS	Boeing 707-138	-	7	-	-	-
ASIEN						
AIR INDIA INTERNAT.	Boeing 707-437	-	-	3	-	-
JAPAN AIR LINES	DC-8	-	-	4	-	-
AFRIKA						
AIR ALGERIE	Caravelle	-	-	4	-	-
EAST AFRICAN AIRWAYS	Comet 4	-	-	2	-	-
ROYAL AIR MAROC	Caravelle	-	-	1	-	-
SOUTH AFRICAN AIRWAYS	Boeing 707-320	-	-	3	-	-
	Summen:	12	132	290	63	59

Auftragsbestand 1959 - 1963:   544

Tabelle 28 (Fortsetzung)

(B) Turboprop-Langstreckenflugzeuge

Auftraggeber	Typ	Ablieferungstermine			
		1958	1959	1960	1961
EUROPA					
AIR CHARTER LTD	Britannia 307	1	-	-	-
BEA	Vanguard 951	-	-	20	-
BOAC	Britannia 102 & 312	14	-	-	-
HUNTING CLAN	Britannia 317	2	-	-	-
KLM	Electra	-	4	8	-
NORDAMERIKA					
AERONAVES DE MEXICO	Electra	-	-	3	-
AMERICAN AIRLINES	Electra	-	25	10	-
BRANIFF AIRWAYS	Electra	-	9	-	-
CANADIAN PACIFIC AIRLINES	Britannia 314	6	-	-	-
CUBANA	Britannia 318	1	3	-	-
EASTERN AIR LINES	Electra	11	29	-	-
NATIONAL AIRLINES	Electra	-	15	8	-
NORTHWEST AIRLINES	Electra	-	10	-	-
PACIFIC SOUTHWEST AIRLINES	Electra	-	3	-	-
TRANS CANADA AIRLINES	Vanguard 952	-	-	10	10
WESTERN AIR LINES	Electra	-	5	4	-
ASIEN					
CATHAY PACIFIC AIRWAYS	Electra	-	2	-	-
EL-AL	Britannia 313	1	-	-	-
GARUDA INDONESIAN AIRWAYS	Electra	-	-	3	-
AUSTRALIEN					
ANSETT/ANA	Electra	-	2	-	-
QANTAS	Electra	-	4	-	-
TASMAN EMPIRE AIRWAYS	Electra	-	3	-	-
	Summen:	36	116	66	10

Auftragsbestand 1959 - 1961: 192

Tabelle 28 (Fortsetzung)

(C) Turboprop-Mittelstreckenflugzeuge

Auftraggeber	Typ	Ablieferungstermine		
		1958	1959	1960
EUROPA				
AER LINGUS	Fokker F.27	1	6	-
	Viscount 808	2	3	-
AIRWORK	Viscount 831	-	3	-
ALITALIA-LAI	Viscount 785	4	-	-
BEA	Viscount 806	17	1	-
BRAATHEN'S SAFE	Fokker F.27	1	2	-
DEUTSCHE LUFTHANSA	Viscount 814	2	7	-
EAGLE AVIATION	Viscount 805	1	-	-
HUNTING CLAN	Viscount 833	-	3	-
KLM	Fokker F.27	-	-	2
TRANSAIR	Viscount 804	1	-	-
TURKISH AIRLINES	Viscount 794	5	-	-
NORDAMERIKA				
ALOHA AIRLINES	Fairchild F.27	-	3	-
BONANZA AIR LINES	Fairchild F.27	-	6	-
CAPITAL AIRLINES	Viscount 745	3	-	-
CONTINENTAL AIRLINES	Viscount 812	12	3	-
CUBANA	Viscount 818	1	3	-
LANICA	Viscount 786	2	-	-
NORTHEAST	Viscount 798	8	1	-
NORTHERN CONSOLIDATED AIRLINES	Fairchild F.27	2	1	-
OZARK AIR LINES	Fairchild F.27	-	3	-
PACIFIC AIR LINES	Fairchild F.27	-	6	-
PIEDMONT AIRLINES	Fairchild F.27	3	7	-
QUEBECAIR	Fairchild F.27	2	-	-
TACA-INTERNATIONAL AIRLINES	Viscount 763	1	-	-
TRANS-CANADA-AIR LINES	Viscount 757	16	4	-
TRANS MAR DE CORTES	Fairchild F.27	-	1	-
WEST COAST AIRLINES	Fairchild F.27	6	-	-
WHEELER AIRLINES	Fairchild F.27	-	2	-
WIEN ALASKA AIRLINES	Fairchild F.27	-	2	-

Tabelle 28 (Fortsetzung)

Auftraggeber	Typ	Ablieferungstermine		
		1958	1959	1960
SÜDAMERIKA				
AEROLINEAS ARGENTINAS	Fairchild F.27	-	5	5
AEROVIAS ECUATORIANAS	Fairchild F.27	-	1	-
AVENSA	Fairchild F.27	5	-	-
PLUNA	Viscount 769	1	2	-
VASP	Viscount 827	4	1	-
AUSTRALIEN				
ANSETT/ANA	Viscount 832	-	4	-
	Fokker F.27	-	6	-
EAST-WEST AIRLINES	Fokker F.27	-	1	-
NEW ZEALAND NATIONAL AIRWAYS	Viscount 807	1	2	-
TRANS AUSTRAILIA AIRLINES	Fokker F.27	-	12	-
	Viscount 756	2	-	-
	Viscount 816	-	2	-
ASIEN				
BRITISH WEST INDIAN AIRWAYS	Viscount 772	1	-	-
INDIAN AIRLINES	Viscount 768	5	-	-
IRANIAN UNITED AIRLINES	Viscount 782	3	-	-
KUWAIT AIRWAYS	Viscount 754	1	-	-
MIDDLE EAST AIRLINES	Viscount 754	1	-	-
PAKISTAN INTERNATIONAL AIRLINES	Viscount 815	-	5	-
PHILIPPINE AIR LINES	Fokker F.27	-	2	-
AFRIKA				
MISRAIR	Viscount 739 A	2	-	-
SOUTH AFRICAN AIRWAYS	Viscount 813	5	2	-
SUDAN AIRWAYS	Viscount 831	-	1	-
	Summen	121	113	7

Auftragsbestand 1959-1960:   120

Additional material from *Die Entwicklung des Weltluftverkehrs bis 1957/1958*,
ISBN 978-3-663-04084-2 (978-3-663-04084-2_OSFO5),
is available at http://extras.springer.com

Tabelle 31

Flugzeugpark, Flugzeugbestellungen und Sitzplatzkapazität europäischer Luftverkehrsgesellschaften Stand: 31.12.1957 und 31.12.1958

Lfd. Nr.	Gesellschaft	Land	Flugzeugbestand		Flugzeug-bestellungen	Sitzplatzkapazität	
			1957	1958	1958	1957	1958
1	2		3	4	5	6	7
1	AIR FRANCE	Frankreich	131	130	41	7 241	7 270
2	ALITALIA/LAI	Italien	35	45	4	1 501	2 101
3	BEA	England	117	127	52	4 439	5 124
4	BOAC	England	77	63	63	4 478	4 118
5	DLH	Bundesrepublik	22	26	11	1 174	1 442
6	KLM	Holland	95	97	22	4 723	4 937
7	SABENA	Belgien	77	81	5	2 598	2 784
8	SAS	Skandinavien	66	64	23	3 809	3 841
9	SWISSAIR	Schweiz	32	34	8	1 379	1 436
10	Insgesamt		652[1)]	667[2)]	229	31 342	33 053
11	Durchschnitt je Gesellschaft		72,5	74,1	25,4	3 480	3 700
12	Durchschnitt je Passagierflugzeug					50,4	51,8

1. Davon 30 Frachtflugzeuge
2. Davon 29 Frachtflugzeuge

Tabelle 32

Flugzeugpark, Flugzeugbestellungen und Sitzplatzkapazität einiger US-Luftverkehrsgesellschaften Stand: 31.12.1957 und 31.12.1958

Lfd. Nr.	Gesellschaft	Verkehrsgebiet[1)]	Flugzeugbestand		Flugzeug-bestellungen	Sitzplatzkapazität	
			1957	1958	1958	1957	1958
1	2		3	4	5	6	7
1	AAL	Inland (98%)	206	191	110	11 910	11 360
2	EAL	Inland (91%)	184	197	47	10 702	12 447
3	PAA	International (100%)	133	134	34	7 870	8 164
4	TWA	Inland (73%)	189	189	63	10 243	10 909
5	UAL	Inland (95%)	188	197	51	10 287	11 084
6	Insgesamt		900[2)]	908[3)]	305	51 012	53 964
7	Durchschnitt je Gesellschaft		180,0	181,6	61,0	10 200	10 790
8	Durchschnitt je Passagierflugzeug					58,9	61,3

1. Zahlen in Klammern geben den Anteil des Verkehrs am Gesamtverkehr der Gesellschaft an
2. Davon 34 Frachtflugzeuge
3. Davon 28 Frachtflugzeuge

Tabelle 33

Entwicklung des Bestandes an Lang- und Mittelstreckenflugzeugen einiger repräsentativer Luftverkehrsgesellschaften in Europa und USA

Jahr	5 repräsentative europäische Gesellschaften[1]		5 repräsentative USA-Gesellschaften[2]	
	L-Flugzeuge	M-Flugzeuge	L-Flugzeuge	M-Flugzeuge
1	2	3	4	5
1947	71	258	226	294
1953	155	179	439	294
1954	151	167	484	276
1955	157	161	494	286
1956	174	194	570	257
1957	203	183	648	249
1958	213	178	686	220
Veränderungen in %				
1947/1953	+ 118	− 31	+ 94	± 0
1953/1954	− 3	− 7	+ 13	− 6
1954/1955	+ 4	− 4	+ 2	+ 4
1955/1956	+ 11	+ 21	+ 15	− 10
1956/1957	+ 17	− 6	+ 14	− 3
1957/1958	+ 5	− 3	+ 6	− 12

1. Air France, KLM, Sabena, SAS, Swissair
2. AAL, EAL, PAA, TWA, UAL

Tabelle 34

Anteil der Langstreckenflugzeuge am Flugzeugpark einiger wichtiger Luftverkehrsgesellschaften in % in den Jahren 1953 bis 1958

Lfd. Nr.	Luftverkehrs- gesellschaft	1953	1954	1955	1956	1957	1958
	1	2	3	4	5	6	7
1	BOAC[1]	100	100	100	100	100	100
2	BEA[2]	0	0	0	0	0	0
3	AIR FRANCE	48	45	51	47	56	56
4	KLM	53	56	55	58	59	61
5	SABENA	29	37	35	31	36	39
6	SAS	62	61	60	55	64	66
7	SWISSAIR	23	31	36	38	41	44
8	DEUTSCHE LUFTHANSA	-	-	40	53	82	45
9	PAA[3]	80	90	90	95	98	98
10	TWA[4]	62	63	67	69	74	80
11	AAL[5]	56	60	55	62	69	73
12	UAL[5]	54	59	60	66	70	74
13	EAL[5]	46	50	48	59	58	61

1. Befliegt britisches Weltnetz
2. Befliegt britisches Europanetz
3. Internationale Dienste
4. Internationale und inneramerikanische Dienste
5. Inneramerikanische Dienste mit teilweise Großstreckenentfernungen wie im Transozeanverkehr

Tabelle 35

Die Entwicklung des Flugzeugparks verschiedener IATA-Luftverkehrsgesellschaften 1947 bis 1958 - Langstrecken-Verkehrsflugzeuge[1] - Europäische Luftverkehrsgesellschaften

Lfd. Nr.	Luftverkehrsgesell.	Jahr[2]	Flugzeuge insg.	Langstreck-Flugz.	Douglas DC-4	Douglas DC-6 u. DC-6B	Douglas DC-7 DC-7C	Lockheed Constell. u. Super Constell.	Boeing Stratocruiser	Sonstige Typen	Anmerkungen zu Sonstige Typen
1	2	3	4	5	6	7	8	9	10	11
1	BOAC	1947	-	-	-	-	-	-	-	-	
		1949	133	133	22	-	-	11	5	95	
		1951	71	71	22	-	-	10	10	29	
		1953	58	58	22	-	-	12	10	14	
		1954	57	57	22	-	-	14	15	6	
		1955	53	53	21	-	-	16	16	-	
		1956	52	52	20	-	-	16	16	-	
		1957	67	67	17[3]	-	10	5	16	19	19 Britannia
		1958	63	63	4[3]	-	10	-	12	37	31 Britannia 6 Comet IV
2	AIR FRANCE	1947	113	24	15	-	-	9	-	-	
		1949	130	41	28	-	-	13	-	-	
		1951	111	50	27	-	-	23	-	-	
		1953	111	54	20	-	-	31	-	3	
		1954	102	46	18	-	-	28	-	-	
		1955	103	53	18	-	-	35	-	-	
		1956	121	57	21	-	-	36	-	-	
		1957	122	68	22	-	-	48	-	-	
		1958	122	69	22	-	-	37	-	10	10 Superstar Constell. L-1649
3	KLM	1947	82	20	6	-	-	14	-	-	
		1949	79	33	10	7	-	16	-	-	
		1951	66	33	10	7	-	16	-	-	
		1953	83	44	10	15	-	19	-	-	
		1954	81	45	9	14	-	22	-	-	
		1955	78	43	6	14	-	23	-	-	
		1956	83	48	6	14	-	28	-	-	
		1957	95	56	5	14	10	27	-	-	
		1958	97	59	2	14	15	10	-	18	18 Superstar Constell. L-1649
4	SABENA	1947	46	12	9	3	-	-	-	-	
		1949	55	11	8	3	-	-	-	-	
		1951	49	12	7	5	-	-	-	-	
		1953	62	18	7	11	-	-	-	-	
		1954	57	21	7	14	-	-	-	-	
		1955	62	22	8	14	-	-	-	-	
		1956	70	22	8	14	-	-	-	-	
		1957	76	28	9	11	6	-	-	2	2 DC-6A
		1958	79	31	10	10	9	-	-	2	2 DC-6A
5	SAS	1947	70	11	11	-	-	-	-	4	
		1949	65	24	9	12	-	-	-	3	
		1951	46	21	9	12	-	-	-	-	
		1953	48	30	6	24	-	-	-	-	
		1954	49	30	4	26	-	-	-	-	
		1955	50	30	4	26	-	-	-	-	
		1956	65	36	4	26	6	-	-	-	
		1957	61	39	-	25	14	-	-	-	
		1958	59	39	-	25	14	-	-	-	
6	SWISSAIR	1947	18	4	4	-	-	-	-	-	
		1949	22	4	4	-	-	-	-	-	
		1951	22	4	2	2	-	-	-	-	
		1953	30	9	3	6	-	-	-	-	
		1954	29	9	3	6	-	-	-	-	
		1955	25	9	3	6	-	-	-	-	
		1956	29	11	4	6	2	-	-	-	
		1957	32	13	3	6	4	-	-	-	
		1958	34	15	2	7	5	-	-	1	1 DC-6A

1. Verkehrsflugzeuge mit mindestens 4 Motoren, die für den Nordatlantikflug geeignet sind
2. Stand vom 31. Dezember des jeweiligen Jahres
3. DC-4M2

Quelle: IATA-Statistics

Tabelle 36

Die Entwicklung des Flugzeugparks verschiedener europäischer IATA-Luftverkehrsgesellschaften 1947 bis 1958
Mittelstrecken-Verkehrsflugzeuge[1)]

Lfd. Nr.	Luftverkehrsgesell.	Jahr[2)]	Flugzeuge insg.	Mittelstreck. Flugz.	Douglas DC-3 (C-47)	Convair Liner 240/340 440	Vickers Vicking u. Viscount[+)]	Sonstige Typen	Anmerkungen zu: Sonstige Typen
1	2		3	4	5	6	7	8	9
1	BEA	1947	81	81	27	-	30	24	
		1949	92	92	30	-	42	20	
		1951	106	106	40	-	45	23	
		1953	117	117	49	-	24	44	20 Ambassador, 16 Viscount, 8 Rapide
		1954	99	99	46	-	23[+)]	30	20 Eliz.,8 Rapide,2 Brist.171
		1955	106	106	46	-	29[+)]	31	2 Heron,19 Eliz.,8 Rapide, 2 S-55
		1956	99	99	46	-	28[+)]	25	3 Heron,19 Eliz.,3 Rapide
		1957	112	112	46	-	47[+)]	19	2 Heron,14 Eliz., 3 Rapide
		1958	112	112	44	-	63[+)]	5	2 Heron, 3 D.H.89A
2	AIR FRANCE	1947	113	89	31	-	-	58	
		1949	130	75	32	-	-	43	32 Languedoc, 11 Ju 52
		1951	111	61	26	-	-	35	
		1953	111	57	38	-	-	19	7"Deux Ponts",6 Viscount, 6 Ju 52
		1954	102	56	36	-	12[+)]	8	8 Bréguet 763
		1955	103	50	28	-	12[+)]	10	10 Bréguet 763
		1956	121	64	41	-	11[+)]	12	12 Bréguet 763
		1957	122	54	31	-	11[+)]	12	12 Bréguet 763
		1958	122	53	30	-	11[+)]	12	12 Bréguet 763
3	KLM	1947	82	62	39	-	-	23	
		1949	79	46	33	12	-	1	
		1951	66	33	20	12	-	1	
		1953	83	39	19	18	-	2	
		1954	81	36	15	21	-	-	
		1955	78	35	14	21	-	-	
		1956	83	35	14	21	-	-	
		1957	95	39	14	16	9[+)]	-	
		1958	97	38	13	16	9[+)]	-	
4	SABENA	1947	46	34	26	-	-	8	
		1949	55	44	22	6	-	16	
		1951	49	37	25	6	-	6	
		1953	62	44	29	4	-	11	7 Hubschrauber, 4 Dove
		1954	57	36	28	4	-	4	4 S-55 Hubschrauber
		1955	62	40	29	5	-	6	6 S-55
		1956	70	48	28	16	-	4	4 S-58
		1957	76	48	28	12	-	8	8 S-58
		1958	79	48	28	12	-	8	8 S-58
5	SAS	1947	70	59	44	-	4	11	
		1949	65	41	37	-	-	4	
		1951	46	25	17	-	-	8	
		1953	48	18	10	-	-	8	6 Scandia, 2 Ju 52
		1954	49	19	10	-	-	9	7 Scandia, 2 Ju 52
		1955	50	20	10	-	-	10	8 Scandia, 2 Ju 52
		1956	65	29	10	11	-	8	8 Scandia, 2 Ju 52
		1957	61	22	4	16	-	2	2 Scandia
		1958	59	20	-	20	-	-	
6	SWISSAIR	1947	18	14	14	-	-	-	
		1949	22	18	14	4	-	-	
		1951	22	18	14	4	-	-	
		1953	30	21	11	7	-	3	
		1954	29	20	13	7	-	-	
		1955	25	16	9	7	-	-	
		1956	29	18	9	9	-	-	
		1957	32	19	8	11	-	-	
		1958	34	19	8	11	-	-	

1. Verkehrsflugzeuge mit 2-4 Motoren, die für Strecken von 400-1500 km am besten geeignet sind Kurzstreckenflugzeuge sind in Spalte 8 mit aufgeführt
2. Stand jeweils vom 31. Dezember

Quelle: IATA-Bulletin Nr. 7,13,15,19,21,23
IATA-Statistics 1957, 1958, 1959

Tabelle 37

Flugzeugpark, Sitzplatzkapazität und Flugzeugbestellungen der AIR FRANCE

Stand: 31.12.1957 und 31.12.1958

Lfd. Nr.	Flugzeugtyp	Flugzeugbestand		Flugzeug-bestellungen 1958	Zahl der Sitzplätze	Sitzplatzkapazität	
		1957	1958	1958		1957	1958
1	2	3	4	5	6	7
1	Douglas DC-3	39	37	-	28	1 092	1 036
2	Douglas DC-4 (C-54)	23	23	-	60	1 380	1 380
3	Lockheed L-749	16	15	-	55[1]	880	825
4	Lockheed L-1049	22	22	-	70[1]	1 540	1 540
5	Lockheed L-1649A	8	10	-	70[1]	560	700
6	Vickers Viscount	11	11	-	47	517	517
7	Bréguet BR 763	12	12	-	106	1 272	1 272
8	Caravelle SE 210	-	-	24	70-90	-	-
9	Boeing 707-328	-	-	17	124-162	-	-
	Insgesamt	131	130	41		7 241	7 270

1. Durchschnittswerte

Quelle: Geschäftsberichte
ICAO-Digest of Statistics No.76, Serie FP-No.11
Auskunftserteilung der Gesellschaft

T a b e l l e 38

Flugzeugpark, Sitzplatzkapazität und Flugzeugbestellungen der ALITALIA

Stand: 31.12.1957 und 31.12.1958

Lfd. Nr.	Flugzeugtyp	Flugzeugbestand		Flugzeug-bestellungen 1958	Zahl der Sitzplätze	Sitzplatzkapazität	
		1957	1958			1957	1958
1	1	2	3	4	5	6	7
1	Douglas DC-3	12	12	-	22[1]	264	264
2	Douglas DC-6	3	3	-	55	165	165
3	Douglas DC-6B	8	8	-	56[1]	448	448
4	Douglas DC-7C	2	6	-	80	160	480
5	Douglas DC-8	-	-	4	118-144	-	-
6	Convair CV-340	4	4	-	44	176	176
7	Convair CV-440	-	2	-	44	-	88
8	Vickers Viscount 785	6	10	-	48	288	480
	Insgesamt	35	45	4		1 501	2 101

1. Durchschnitt

Quelle: Geschäftsberichte
Auskunftserteilung der Gesellschaft
ICAO-Digest of Statistics No.76, Serie FP-No.11

Tabelle 39

Flugzeugpark, Sitzplatzkapazität und Flugzeugbestellungen der BEA
Stand: 31.12.1957 und 31.12.1958

Lfd. Nr.	Flugzeugtyp	Flugzeugbestand 1957	Flugzeugbestand 1958	Flugzeug-bestellungen 1958	Zahl der Sitzplätze	Sitzplatzkapazität 1957	Sitzplatzkapazität 1958
1	2	3	4	5	6	7
1	Douglas DC-3	46[1]	44[2]	-	32	1 216	1 184
2	D.H. Ambassador	14	11	-	48	672	528
3	D.H.114 Heron	2	2	-	14	28	28
4	D.H.89A Rapide	3	3	-	6	18	18
5	D.H.121	-	-	24	80-100	-	-
6	Comet IV	-	-	6	72-102	-	-
7	Vickers Viscount 701	25	24	-	47	1 175	1 124
8	Vickers Viscount 802	22	21	-	57	1 254	1 197
9	Vickers Viscount 806	1	18	1	57	57	1 026
10	Vickers Vanguard 951	-	-	20	76-114	-	-
11	Westland WS 55	2	2	-	7	14	14
12	Bristol 171 MC 3	1	1	-	4	4	4
13	Bell 47 B3	1	1	-	1	1	1
14	Bell 47 J	-	-	1	1	-	-
	Insgesamt	117	127	52		4 439	5 124

1. Davon 8 umbaufähige Frachtmaschinen
2. Davon 7 umbaufähige Frachtmaschinen

Quelle: Geschäftsberichte

Tabelle 40

Flugzeugpark, Sitzplatzkapazität und Flugzeugbestellungen der BOAC

Stand: 31.12.1957 und 31.12.1958

Lfd. Nr.	Flugzeugtyp	Flugzeugbestand 1957	Flugzeugbestand 1958	Flugzeug-bestellungen 1958	Zahl der Sitzplätze	Sitzplatzkapazität 1957	Sitzplatzkapazität 1958
1	2	2	3	4	5	6	7
1	Canadair DC-4M2	17	4	-	40	680	160
2	Douglas DC-7C	10	10	-	$60^{1)}$	600	600
3	Lockheed L-749	10	-	-	$42^{1)}$	420	-
4	Britannia 102	15	15	-	$90^{1)}$	1 350	1 350
5	Britannia 312	9	16	-	52	468	832
6	Boeing 377	16	12	-	$60^{1)}$	960	720
7	Boeing 707-420	-	-	15	110-162	-	-
8	Comet IV	-	6	13	76	-	456
9	Vickers VC 10	-	-	35	70-105	-	-
	Insgesamt	77	63	63		4 478	4 118

1. Durchschnittswert

Quelle: Geschäftsberichte
IATA-World Air Transport Statistics
ICAO-Digest of Statistics No.76, Serie FP-No.11

Tabelle 41

Flugzeugpark, Sitzplatzkapazität und Flugzeugbestellungen der DEUTSCHEN LUFTHANSA

Stand: 31.12.1957 und 31.12.1958

Lfd. Nr.	Flugzeugtyp	Flugzeugbestand		Flugzeug-bestellungen	Zahl der Sitzplätze	Sitzplatzkapazität	
		1957	1958	1958		1957	1958
1	1	2	3	4	5	6	7
1	Douglas DC-3	3	3	-	26	78	78
2	Convair CV-340	4	4	-	44-48[1]	176	192
3	Convair CV-440	5	5	-	48	240	240
4	Vickers Viscount 814D	-	2	7	58	-	116
5	Lockheed L-1049G	8	8	-	68[2]	544	544
6	Lockheed L-1649A	2	4	-	68[2]	136	272
7	Boeing 707-430	-	-	4	131-162	-	-
	Insgesamt	22	26	11		1 174	1 442

1. wurden im Laufe des Jahres 1958 den CV-440 angeglichen
2. Durchschnitt

Quelle: Geschäftsbericht
ICAO-Digest of Statistics No.76, Serie FP-No.11

Tabelle 42

Flugzeugpark, Sitzplatzkapazität und Flugzeugbestellungen der KLM

Stand: 31.12.1957 und 31.12.1958

Lfd. Nr.	Flugzeugtyp	Flugzeugbestand		Flugzeug-bestellungen	Zahl der Sitzplätze	Sitzplatzkapazität	
		1957	1958	1958		1957	1958
	1	2	3	4	5	6	7
1	Douglas DC-3(C-47)	14[1]	13[1]	-	21	210	189
2	Douglas DC-4(C-54)	5[2]	2	-	62	124	124
3	Douglas DC-6	6	6	-	56[4]	336	336
4	Douglas DC-6A	1	1	-	-	-	-
5	Douglas DC-6B	7	7	-	52[4]	364	364
6	Douglas DC-7C	10.	15	-	58[4]	580	870
7	Douglas DC-8	-	-	8	118-144	-	-
8	Lockheed L-749A	10[3]	10[3]	-	49	441	441
9	Lockheed L-1049E	7	7	-	100	700	700
10	Lockheed L-1049G	10	9	-	55[4]	550	495
11	Lockheed L-1049H	-	2	-	100	-	200
12	Lockheed Electra	-	-	12	66-85	-	-
13	Convair CV-240	2	2	-	40	80	80
14	Convair CV-340	14	14	-	44	616	616
15	Vickers Viscount 803	9	9	-	58	522	522
16	Fokker F.27	-	-	2	36	-	-
	Insgesamt	95	97	22		4 723	4 937

1. Davon 4 Frachtflugzeuge   2. Davon 3 Frachtflugzeuge
3. Davon 1 Frachtflugzeug   4. Durchschnittswert
Quelle: Geschäftsberichte
ICAO-Digest of Statistics No.76, Serie FP-No.11

Tabelle 43

Flugzeugpark, Sitzplatzkapazität und Flugzeugbestellungen der SABENA
Stand: 31.12.1957 und 31.12.1958

Lfd. Nr.	Flugzeugtyp	Flugzeugbestand 1957	Flugzeugbestand 1958	Flugzeugbestellungen 1958	Zahl der Sitzplätze	Sitzplatzkapazität 1957	Sitzplatzkapazität 1958
1	1	2	3	4	5	6	7
1	Douglas DC-3	18	16	-	26	468	416
2	Douglas C-47	10	12	-	-	-	-
3	Douglas DC-4	8	10[1]	-	55	440	550
4	Douglas DC-6	3[2]	2[2]	-	58[4]	174	116
5	Douglas DC-6A	2	2	-	-	-	-
6	Douglas DC-6B	8	8	-	64[4]	512	512
7	Douglas DC-7C	6[2]	9[3]	-	62[4]	372	558
8	Convair CV-440	12	12	-	44	528	528
9	Boeing 707-329	-	-	5	122-147	-	-
10	Sikorsky S-58	8	8	-	12	96	96
11	Bell 47H1	1	1	-	3	3	3
12	Alouette II	1	1	-	5	5	5
	Insgesamt	77	81	5		2 598	2 784

1. 1 Flugzeug verpachtet
2. 2 Flugzeuge verpachtet
3. 4 Flugzeuge verpachtet
4. Durchschnittswert

Quelle: Geschäftsberichte und Auskünfte der Gesellschaft

Tabelle 44

Flugzeugpark, Sitzplatzkapazität und Flugzeugbestellungen des SAS

Stand: 31.12.1957 und 31.12.1958

Lfd. Nr.	Flugzeugtyp	Flugzeugbestand		Flugzeug-bestellungen	Zahl der Sitzplätze	Sitzplatzkapazität	
		1957	1958	1958		1957	1958
1	1	2	3	4	5	6	7
1	Douglas DC-3	9[1]	5[1]	–	28	112	–
2	Douglas DC-6	12	12	–	60	720	720
3	Douglas DC-6B	13	13	–	75	975	975
4	Douglas DC-7C	14	14	–	79	1 106	1 106
5	Douglas DC-8	–	–	7	120	–	–
6	Convair CV-440	16	20	2[2]	52	832	1 040
7	Convair CV-880	–	–	–	90	–	–
8	SAAB "Skandia"	2	–	–	32	64	–
9	Caravelle SE-210	–	–	16[3]	70	–	–
	Insgesamt	66	64	25		3 809	3 841

1. Davon 5 verpachtet
2. Von der SWISSAIR bestellt und werden dem SAS für die Dauer von 4 Jahren überlassen
3. Davon werden der SWISSAIR für die Dauer von 4 Jahren 4 Stück überlassen

Quelle: Geschäftsberichte
IATA-World Air Transport Statistics
ICAO-Digest of Statistics No.76, Serie FP-No.11

Tabelle 45

Flugzeugpark, Sitzplatzkapazität und Flugzeugbestellungen der SWISSAIR
Stand: 31.12.1957 und 31.12.1958

Lfd. Nr.	Flugzeugtyp	Flugzeugbestand 1957	Flugzeugbestand 1958	Flugzeug-bestellungen 1958	Zahl der Sitzplätze	Sitzplatzkapazität 1957	Sitzplatzkapazität 1958
1	1	2	3	4	5	6	7
1	Dakota	1	1	–	–	–	–
2	Douglas DC-3	7	7	–	26	182	182
3	Douglas DC-4	3	2	–	55	165	110
4	Douglas DC-6A	–	1	–	–	–	–
5	Douglas DC-6B	6	7	–	50[1]	300	350
6	Douglas DC-7C	4	5	–	62[1]	248	310
7	Douglas DC-8	–	–	3	120	–	–
8	Convair CV-440	11	11	–	44	484	484
9	Convair CV-880	–	–	5[2]	86	–	–
10	Caravelle SE-210	–	–	4[3]	70	–	–
	Insgesamt	32	34	12		1 379	1 436

1. Durchschnitt
2. Davon werden dem SAS für die Dauer von 4 Jahren 2 Stück überlassen
3. Sie werden vom SAS bestellt und werden der SWISSAIR für die Dauer von 4 Jahren überlassen

Quelle: Geschäftsberichte
Auskunftserteilung der Gesellschaft
ICAO-Digest of Statistics No.76, Serie FP-No.11

Tabelle 46

Die Entwicklung des Flugzeugparks verschiedener IATA-Luftverkehrsgesellschaften 1947 bis 1958
Langstrecken-Verkehrsflugzeuge der USA-Luftverkehrsgesellschaften[1])

Lfd. Nr.	Luftverkehrs-gesellschaft	Jahr[2])	Flugzeuge insgesamt	Lang-strecken-Flugz.	Douglas DC-4	Douglas DC-6 u. DC-6B	Douglas DC-7 DC-7B DC-7C	Lockheed Constell. u.Super Constell.	Boeing Strato-cruiser	Sonstige Typen	Anmerkung zu: Sonstige Typen
1	2	3	4	5	6	7	8	9	10	11	
1	PAA	1947	104	70	51	1	-	18	-	-	
		1949	148	100	63	-	-	17	20	-	
		1951	132	96	49	-	-	18	29	-	
		1953	131	105	34	31	-	12	28	-	
		1954	127	114	28	48	-	11	27	-	
		1955	125	113	26	48	7	6	26	-	
		1956	130	123	26	47	23	2	25	-	
		1957	133	130	26	45	33	-	24	3	3 DC-6A Cargo
		1958	133	130	22	43	33	-	23	9	4 DC-6A, 5 Boeing 707-121
2	TWA	1947	109	38	12	-	-	21	-	5	
		1949	118	54	14	-	-	35	-	5	
		1951	131	73	9	-	-	64	-	-	
		1953	145	91	13	-	-	78	-	-	
		1954	146	92	11	-	-	81	-	-	
		1955	167	112	11	-	-	101	-	-	
		1956	164	113	10)	-	-	103	-	-	
		1957	185	137	8)	-	-	129	-	-	
		1958	189	152	63)	-	-	117	-	29	29 Superstar Constellation L-1649
3	AAL	1947	125	57	44	13	-	-	-	-	
		1949	141	67	18	49	-	-	-	-	
		1951	159	80	14	66	-	-	-	-	
		1953	176	99	14	85	-	-	-	-	
		1954	188	112	9	103	-	-	-	-	
		1955	186	112	9	78	25	-	-	-	
		1956	197	123	2	82	39	-	-	10	10 DC-6A Cargo
		1957	206	143	4	75	56	-	-	10	10 DC-6A Cargo
		1958	191	139	-	71	58	-	-	-	
4	EAL	1947	77	24	17	-	-	7	-	-	
		1949	89	38	18	-	-	20	-	-	
		1951	95	38	14	-	-	24	-	-	
		1953	111	51	11	-	-	40	-	-	
		1954	119	59	11	-	-	48	-	-	
		1955	126	66	6	-	12	48	-	-	
		1956	164	97	11	5	20	66	-	-	
		1957	185	107	6	5	34	62	-	-	
		1958	196	120	1	7	48	55	-	9	9 Lockheed Electra
5	UAL	1947	105	36	26	10	-	-	-	-	
		1949	142	73	29	39	-	-	5	-	
		1951	134	79	23	50	-	-	6	-	
		1953	170	93	23	64	-	-	6	-	
		1954	180	107	20	87	-	-	-	-	
		1955	176	106	19	62	25	-	-	-	
		1956	172	114	10	77	27	-	-	-	
		1957	188	131	-	79	47	-	-	5	5 DC-6A Cargo
		1958	197	145	-	83	55	-	-	7	7 DC-6A Cargo

1. Es handelt sich um die "Großen Fünf" des USA-Luftverkehrs. Die PAA fliegt nur internationale Strecken, die TWA internationale und Inlandstrecken, die AAL, EAL und UAL fast ausschließlich Inlandstrecken
2. Stand vom 31.Dezember des jeweiligen Jahres
3. DC-4 Cargo

Quelle: IATA-Statistics

Tabelle 47

Die Entwicklung des Flugzeugparks verschiedener IATA-Luftverkehrsgesellschaften 1947 bis 1958

Mittelstrecken-Verkehrsflugzeuge der USA-Luftverkehrsgesellschaften

Lfd. Nr.	Luftverkehrs-Gesellschaft	Jahr	Flugzeuge insgesamt	Mittelstreck. flugzeuge	Douglas DC-3 (C-47)	Convair Liner 240/340 440	Martin 202/404	Sonst. Typen
1	2	3	4	5	6	7	8	
1	PAA	1947	104	33	31	-	-	2
		1949	148	48	18	20	-	10
		1951	132	36	13	15	-	8
		1953	131	26	10	16	-	-
		1955	125	12	7	5	-	-
		1956	130	7	2	5	-	-
		1957	133	2	2	-	-	-
		1958	133	3	2	-	-	1
2	TWA	1947	109	71	71	-	-	-
		1949	118	64	64	-	-	-
		1951	131	58	46	-	12	-
		1953	145	54	2	-	52	-
		1955	167	55	5	-	50	-
		1956	164	51	3	-	48	-
		1957	185	48	-	-	48	-
		1958	189	37	-	-	37	-
3	AAL	1947	125	68	68	-	-	-
		1949	151	74	-	74	-	-
		1951	159	79	-	79	-	-
		1953	176	77	-	77	-	-
		1955	186	74	-	74	-	-
		1956	197	74	-	74	-	-
		1957	206	63	-	63	-	-
		1958	191	52	-	52	-	-
4	EAL	1947	77	53	53	-	-	-
		1949	89	51	51	-	-	-
		1951	95	57	49	-	8	-
		1953	111	60	-	-	60	-
		1955	126	60	-	-	60	-
		1956	164	67	8	-	59	-
		1957	185	78	-	20	58	-
		1958	196	76	-	20	56	-
5	UAL	1947	105	69	69	-	-	-
		1949	142	69	69	-	-	-
		1951	134	55	55	-	-	-
		1953	170	77	35	42	-	-
		1955	176	70	15	55	-	-
		1956	172	58	3	55	-	-
		1957	188	57	3	54	-	-
		1958	197	52	-	52	-	-

Quelle: Nach Angaben der IATA-Statistiken

Tabelle 48

Flugzeugpark, Sitzplatzkapazität und Flugzeugbestellungen der AAL

Stand: 31.12.1957 und 31.12.1958

Lfd. Nr.	Flugzeugtyp	Flugzeugbestand		Flugzeug-bestellungen	Zahl der Sitzplätze	Sitzplatzkapazität	
		1957	1958	1958		1957	1958
1	2	2	3	4	5	6	7
1	Douglas DC-4(C-54)	2	–	–	–	–	–
2	Douglas DC-6	26	26	–	58	1 508	1 508
3	Douglas DC-6 Coach	24	24	–	80	1 920	1 920
4	Douglas DC-6 A	10	10	–	–	–	–
5	Douglas DC-6 B	25	21	–	66	1 650	1 386
6	Douglas DC-7	56	58	–	63-91	4 312	4 466
7	Convair 240	63	52	–	40	2 520	2 080
8	Convair 600	–	–	25	96-121	–	–
9	Lockheed Electra	–	–	35	74-85	–	–
10	Boeing 707-123	–	–	25	121-179	–	–
11	Boeing 707-023	–	–	25	110-149	–	–
	Insgesamt	206	191	110		11 910	11 360

Quelle: Geschäftsberichte der AAL
IATA-World Air Transport Statistics
ICAO-Digest of Statistics No.76, Serie FP-No.11
Airlift, Vol.22.No.24

Tabelle 49

Flugzeugpark, Sitzplatzkapazität und Flugzeugbestellungen der EAL

Stand: 31.12.1957 und 31.12.1958

Lfd. Nr.	Flugzeugtyp	Flugzeugbestand 1957	Flugzeugbestand 1958	Flugzeug- bestellungen 1958	Zahl der Sitzplätze	Sitzplatzkapazität 1957	Sitzplatzkapazität 1958
1	1	2	3	4	5	6	7
1	Douglas DC-4 (C-54)	6[1]	4[1]	-	-	-	-
2	Douglas DC-6 B Coach	5[2]	7[2]	-	102	510	714
3	Douglas DC-7	3[2]	-	-	90	270	-
4	Douglas DC-7 B	29	29	-	68	1 972	1 972
5	Douglas DC-7 B Coach	2	19	-	93	186	1 767
6	Douglas DC-8	-	-	16	132-144	-	-
7	Lockheed L-049	24[3]	18	-	60	1 440	1 080
8	Lockheed L-1049	12	12	-	88	1 056	1 056
9	Lockheed L-1049 C	16	16	-	88	1 408	1 408
10	Lockheed L-1049 G	10	10	-	70	700	700
11	Lockheed Electra	-	9	-	70	-	630
12	Lockheed Electra Coach	-	-	31	91	-	-
13	Martin 404	57	56	-	40	2 280	2 240
14	Convair 440	20	20	-	44	880	880
	Insgesamt	184	197	47		10 702	12 447

1. Frachtflugzeuge, davon 5 Stück gepachtet
2. gepachtet
3. davon 6 Stück gepachtet
4. Frachtflugzeuge

Quelle: Geschäftsbericht der EAL

Tabelle 50

Flugzeugpark, Sitzplatzkapazität und Flugzeugbestellungen der PAA

Stand: 31.12.1957 und 31.12.1958

Lfd. Nr.	Flugzeugtyp	Flugzeugbestand		Flugzeug-bestellungen	Zahl der Sitzplätze	Sitzplatzkapazität	
		1957	1958	1958		1957	1958
1	1	2	3	4	5	6	7
1	Douglas B-23	-	1	-	11	-	11
2	Douglas DC-3	2	2	-	21	42	42
3	Douglas DC-4	26	22	-	56	1 456	1 232
4	Douglas DC-6	4[1)	-	-	58	232	-
5	Douglas DC-6A	3	4	-	-	-	-
6	Douglas DC-6B	41	43	-	66	2 706	2 838
7	Douglas DC-7B	8[1)	7	-	58	464	406
8	Douglas DC-7C	25	26	-	66	1 650	1 716
9	Douglas DC-8	-	-	17	122-147	-	-
10	Boeing 377	24	23	-	55	1 320	1 265
11	Boeing 707	-	6	17	109	-	654
	Insgesamt	133	134	34		7 870	8 164

1. gepachtet

Quelle: Geschäftsberichte der PAA
IATA-World Air Transport Statistics
Airlift, Vol.22, No.24 und Vol.21, No.24

Tabelle 51

Flugzeugpark, Sitzplatzkapazität und Flugzeugbestellungen der TWA

Stand: 31.12.1957 und 31.12.1958

Lfd. Nr.	Flugzeugtyp	Flugzeugbestand 1957	Flugzeugbestand 1958	Flugzeug-bestellungen 1958	Zahl der Sitzplätze	Sitzplatzkapazität 1957	Sitzplatzkapazität 1958
1	2	3	4	5	6	7	
1	Douglas DC-4 (C-54)	8[1]	6[1]	–	–	–	–
2	Lockheed L-049	26	32	–	81	2 106	2 592
3	Lockheed L-749	12	12	–	55	660	660
4	Lockheed L-749 A	27	27	–	55	1 485	1 485
5	Lockheed L-1049	9	9	–	71	639	639
6	Lockheed L-1049 H	2[2]	9	–	64	–	576
7	Lockheed L-1049 G	28	28	–	57-65	1 708	1 708
8	Lockheed L-1649 A	29	29	–	59-63	1 769	1 769
9	Martin 202	11	–	–	36	396	–
10	Martin 404	37	37	–	40	1 480	1 480
11	Boeing 707-131	–	–	15	124-150	–	–
12	Boeing 707-331	–	–	18	124-162	–	–
13	Convair 880	–	–	30	88-110	–	–
	Insgesamt	189	189	63		10 243	10 909

1. Frachtflugzeuge
2. Gepachtete Flugzeuge

Quelle: Geschäftsberichte der TWA
IATA-World Air Transport Statistics
ICAO-Digest of Statistics No.76, Serie FP-No.11
Airlift, Vol.22, No.24

Tabelle 52

Flugzeugpark, Sitzplatzkapazität und Flugzeugbestellungen der UAL

Stand: 31.12.1957 und 31.12.1958

Lfd. Nr.	Flugzeugtyp	Flugzeugbestand		Flugzeug-bestellungen	Zahl der Sitzplätze	Sitzplatzkapazität	
		1957	1958	1958		1957	1958
1	2	2	3	4	5	6	7
1	Douglas DC-3	3	-	-	21	63	-
2	Douglas DC-6	14	14	-	50	700	700
3	Douglas DC-6 Coach	28	28	-	72	2 016	2 016
4	Douglas DC-6 A	5	7	-	-	-	-
5	Douglas DC-6 B	32	36	-	58	1 856	2 088
6	Douglas DC-6 B Coach	5	5	-	75-78	382	382
7	Douglas DC-7	41	40	-	58	2 378	2 320
8	Douglas DC-7 Coach	6	15	-	86	516	1 290
9	Douglas DC-8	-	-	40	111-151	-	-
10	Boeing 720-022	-	-	11	110-149	-	-
11	Convair 340	54	52	-	44	2 376	2 288
	Insgesamt	188	197	51		10 287	11 084

Quelle: Geschäftsberichte
IATA-World Air Transport Statistics

4.

Die finanzielle Entwicklung im Luftverkehr

(Tab. 53 - Tab. 74)

Tabelle 53

Die finanzielle Entwicklung im Luftverkehr der Welt[1]) 1947 – 1958

Jahr	Erträge			Aufwendungen			Gewinn oder Verlust in Mio $	Ertrag in % der Aufwendungen
	Mio $ absolut	US-cents pro angebotenem tkm	US-cents pro ausgenutztem tkm	Mio $ absolut	US-cents pro angebotenem tkm	US-cents pro ausgenutztem tkm		
1	2	3	4	5	6	7	8	9
1947	1 044	28,6	49,0	1 158	31,7	54,3	- 114	90,3
1948	1 324	29,1	52,8	1 397	30,7	55,7	- 73	94,8
1949	1 368	25,7	47,1	1 415	27,0	48,7	- 47	96,5
1950	1 521	25,3	42,9	1 501	25,0	42,4	+ 20	101,2
1951	1 804	30,0	40,9	1 780	25,2	40,4	+ 24	101,3
1952	2 050	29,1	41,6	2 063	25,4	41,9	- 13	99,4
1953	2 314	24,7	41,5	2 317	24,8	41,6	- 3	99,9
1954	2 560	24,3	41,1	2 528	24,0	40,6	+ 32	101,3
1955	3 025	24,3	41,1	2 947	23,7	40,0	+ 78	102,6
1956	3 510	24,6	41,0	3 426	24,0	40,0	+ 84	102,5
1957	3 971	23,3	40,5	4 012	23,6	41,0	- 41	99,0
1958[2])	4 200	22,8	41,0	4 360	23,8	42,8	- 160	96,1

1. Ohne China und Sowjetunion
2. Vorläufige Zahlen

Quelle: ICAO-Digest of Statistics No. 66A – Serie F-No.10A
ICAO-Bulletin, Vol.XIV, (1959), No.4

Tabelle 54
Entwicklung der Aufwendungen und Erträge
wichtiger europäischer Luftverkehrsgesellschaften
1951 bis 1958

Lfd. Nr.	Luftver- kehrsge- sellschaft	Geschäfts- jahr	Ergebnisse in Mio DM[1]			
			Gesamt- erträge	Gesamt- aufwendg.	Gewinn	Verlust
1	2	3	4	5	6	
1	AIR FRANCE	1951	399,8	396,5	3,5	-
		1952	536,0	534,7	1,3	-
		1953	507,4	548,0	-	40,6
		1954	589,5	634,9	-	45,4
		1955	637,7	678,9	-	41,2
		1956	783,2	828,6	-	45,4
		1957	764,8	803,5	-	38,7
		1958	875,5	920,3	-	44,8
2	BEA	1951/52[2]	122,2	136,3	-	14,1
		1952/53	146,4	162,7	-	16,3
		1953/54	174,9	195,8	-	20,9
		1954/55	203,6	202,9	0,7	-
		1955/56	255,0	247,9	7,1	-
		1956/57	282,5	280,0	2,5	-
		1957/58	355,9	343,5	12,4	-
		1958/59	398,5	395,8	2,7	-
3	BOAC	1950/51[2]	274,0	311,5	-	37,5
		1952/53	403,0	402,9	0,1	-
		1953/54	453,2	432,3	20,9	-
		1954/55	438,5	430,3	8,2	-
		1955/56	506,6	494,5	12,1	-
		1956/57	657,2	651,9	5,3	-
		1957/58	716,1	749,4	-	33,3
		1958/59	772,2	832,8	-	60,6
4	DLH	1955	23,6	44,1	-	20,5
		1956	80,6	100,7	-	20,1
		1957	128,8	155,9	-	27,1
		1958	178,2	213,4	-	35,2
5	KLM	1951	259,4	247,6	11,8	-
		1952	271,0	265,0	6,0	-
		1953	353,7	342,1	11,6	-
		1954	405,8	394,4	11,4	-
		1955	424,5	403,6	20,9	-
		1956	491,1	465,7	25,4	-
		1957	559,5	534,2	25,3	-
		1958	559,7	545,2	14,5	-

Tabelle 54 (Fortsetzung)

Lfd. Nr.	Luftver- kehrsge- sellschaft	Geschäfts- jahr	Ergebnisse in Mio DM[1]			
			Gesamt- erträge	Gesamt- aufwendg.	Gewinn	Verlust
1	2	3	4	5	6	
6	SABENA	1951	102,2	98,0	4,3	-
		1952	110,8	107,0	3,8	-
		1953	138,6	140,5	-	1,9
		1954	156,5	161,1	-	4,6
		1955	180,0	178,3	1,7	-
		1956	200,6	194,1	6,5	-
		1957	257,5	252,9	4,6	-
		1958	300,5	310,6	-	10,1
7	SAS	1950/51[3]	148,8	146,8	2,0	-
		1951/52	181,3	181,3	-	-
		1952/53	204,9	204,3	0,6	-
		1953/54	222,4	217,7	4,7	-
		1954/55	267,6	261,9	5,7	-
		1955/56	312,2	304,4	7,8	-
		1956/57	401,6	393,9	7,7	-
		1957/58	440,7	441,6	-	0,9
8	SWISSAIR	1951	53,2	51,9	1,3	-
		1952	66,4	65,7	0,7	-
		1953	82,7	82,1	0,6	-
		1954	107,0	106,6	0,4	-
		1955	123,8	122,7	1,1	-
		1956	151,6	149,6	2,1	-
		1957	201,5	198,9	2,6	-
		1958	240,9	236,5	3,4	-

1. Der Tabelle liegt für die Jahre 1951 und 1952, für das SAS lediglich für 1951, eine Zusammenstellung des Institut Francais du Transport Aérien (Bulletin No.39 vom 1.11.54, S.8) zugrunde. Das Zahlenmaterial für 1953 bis 1958, für das SAS auch für 1952, wurde den Geschäftsberichten entnommen. Im letzten Fall wurden aus den Ergebnissen die direkten Subventionen eliminiert; die Postsubventionen und die indirekten Subventionen sind jedoch enthalten. Gewinn- und Verlustvorträge wirken sich im Jahresergebnis nicht aus. Ein externer Bilanzvergleich ist wegen der verschiedenartigen Finanzierungsmethoden nur beschränkt möglich. Bei der Umrechnung in DM wurde als Stichtag für die Mittelkurse das Ende des jeweiligen Geschäftsjahres zugrunde gelegt

2. Das Geschäftsjahr erstreckt sich vom 1.4. bis 31.3.

3. Das Geschäftsjahr erstreckt sich vom 1.10. bis 30.9.

Tabelle 55

Verkehrserträge und Verkehrsaufwendungen inneramerikanischer
und internationaler US-Luftverkehrsgesellschaften 1952-1958

	Jahr	Verkehrserträge		Verkehrsaufwendungen		Verkehrsgewinn[1]		US - Postanteil an den Verkehrs-erträgen
		Mio $	Veränderung gg. Vorjahr	Mio $	Veränderung gg. Vorjahr	Mio $	Veränderung gg. Vorjahr	
1	2	3	4	5	6	7	8	9
Inneramerikanische[2] Luftverkehrsgesellschaften	1952	768,0		672,9		95,1		4,7 %
	1953	878,8	+ 14,4 %	790,4	+ 17,5 %	88,4	- 7,1 %	4,2 %
	1954	978,2	+ 11,3 %	878,8	+ 11,2 %	99,4	+ 12,5 %	3,8 %
	1955	1 133,3	+ 15,7 %	1 010,1	+ 14,9 %	123,3	+ 23,6 %	2,7 %
	1956	1 262,8	+ 11,4 %	1 162,2	+ 15,1 %	100,6	+ 18,3 %	2,7 %
	1957	1 419,6	+ 12,4 %	1 377,6	+ 18,5 %	42,0	- 58,3 %	2,5 %
	1958[3]	1 513,0	+ 6,6 %	1 418,5	+ 3,0 %	94,5	+125,0 %	2,5 %
Internationale US-Luftverkehrs-gesellschaften	1952	314,9		304,3		10,6		16,4 %
	1953	337,8	+ 7,1 %	317,9	+ 4,5 %	19,4	+ 83,0 %	15,9 %
	1954	358,9	+ 6,5 %	332,7	+ 4,7 %	26,2	+ 35,0 %	13,7 %
	1955	384,3	+ 7,5 %	365,6	+ 10,0 %	18,7	- 24,5 %	7,1 %
	1956	452,7	+ 17,8 %	419,5	+ 14,7 %	33,1	+ 67,7 %	7,8 %
	1957	487,9	+ 7,8 %	460,9	+ 9,9 %	27,0	- 18,5 %	5,9 %
	1958[3]	506,6	+ 3,8 %	496,6	+ 7,8 %	9,9	- 63,4 %	6,4 %

1. Vermindert bzw. erhöht sich um das nicht aus dem Flugbetrieb erzielte Ergebnis und die Ertragssteuern
2. Domestic Trunk Airlines
3. Vorläufige Ergebnisse

Quelle: ATA, Air Transport Facts and Figures, 20th Edition 1959

Tabelle 56

Die finanzielle Entwicklung der kanadischen Luftverkehrsgesellschaften 1950 - 1958

	Jahr	Verkehrsergebnisse		
		Erträge 1000 $	Aufwendungen 1000 $	Gewinn (+) oder Verlust(-) 1000 $
	1	2	3	4
<u>Sämtliche</u> Gesellschaften	1950	57 408	57 560	- 152
	1951	73 052	66 061	+ 6.991
	1952	90 519	86 755	+ 3.764
	1953	104 256	102 960	+ 1.296
	1954	108 864	106 987	+ 1.877
	1955	152 739	146 655	+ 6.084
	1956	182 169	174 582	+ 7.587
	1957	190 082	189 453	+ 629
	1958	200 147	199 241	+ 906

Quelle: IFTA-Bulletin vom 13.12.1954, S.4
American Aviation vom Dez.1953, S.84
Auskunftserteilung der Air Industries & Transport Association of Canada

Tabelle 57

Kapital- und Ertragsstruktur ausgewählter IATA-Luftverkehrsgesellschaften in den Jahren 1957 und 1958 in Mio DM[1])

Lfd. Nr.	Gesellschaft	Geschäfts-jahr	Verkehrs-leistungen in Mio tkm	Kapitalstruktur[2])					Ertragsstruktur[3])				
				Grund-kapital	Eingez. Kapital	Rück-[7]) lagen	Gewinn-u. Verlust-vorträge	Gesamtes Eigen-kapital	Gesamt-erträge	Ausgewie-sene Sub-ventionen	Gesamt-aufwendungen	Gewinn/Verlust[4])	Dividende
1	2		3	4	5	6	7	8	9	10	11	12	13
1	AIR FRANCE	1957 1958	553,7 615,7	100,0 100,0	100,0 100,0	41,9 45,8	0,9 2,5	142,8 148,3	804,8 945,2	39,7 47,5	803,8 943,6	− 38,8 − 45,9	– –
2	BEA [5])	1957/58 1958/59	234,0 264,3	705,6 705,6	376,8 442,3	3,5 18,7	0,6 0,4	380,9 461,3	355,9 400,7	– –	343,5 398,0	+ 12,4 + 2,7	– –
3	BOAC[5])	1957/58 1958/59	481,4 550,0	1 881,2 1 881,2	1 180,0 1 455,2	17,1 –	– –	1 197,1 1 455,2	716,1 776,5	– –	749,5 837,4	− 33,4 − 60,9	– –
4	DLH	1957 1958	105,6 157,3	80,0 120,0	80,0 120,0	– –	– –	80,0 120,0	155,9 213,4	27,1 35,2	155,9 213,4	− 27,1 − 35,2	– –
5	KLM	1957 1958	460,8 475,0	163,5 163,5	158,0 158,0	111,1 124,9	0,6 0,1	269,7 283,0	557,7 559,6	– –	532,4 545,1	+ 25,3 + 14,5	11,1 11,1
6	SABENA	1957 1958	191,1 233,2	42,0 63,0	42,0 63,0	4,6 4,8	2,2 –	48,8 67,8	257,3 310,9	10,1 –	252,7 310,9	+ 4,7 − 10,1	2,5 –
7	SAS [6])	1956/57 1957/58	339,0 397,9	127,9 127,9	127,9 127,9	– –	– –	127,9 127,9	404,0 443,6	0,8 0,8	395,5 443,6	+ 7,6 + 0,8	8,5 –
8	SWISSAIR	1957 1958	169,2 204,7	40,3 60,5	40,3 60,5	1,8 5,3	0,4 0,4	42,5 66,2	202,2 242,0	0,5 0,5	199,1 237,1	+ 2,6 + 4,4	2,4 3,3
9	PAA	1957 1958	1 206,0 1 244,9	42,0 42,0	26,1 28,0	266,0 302,0	240,6 238,5	532,7 568,5	1 332,1 1 336,4	– –	1 297,5 1 315,0	+ 34,6 + 21,4	20,7 20,6
10	TWA	1957 1958	1 256,9 1 299,1	210,0 210,0	140,2 140,2	205,5 205,5	124,5 117,1	470,1 462,7	1 134,9 1 213,2	– –	1 141,4 1 220,6	− 6,5 − 7,4	– –
11	AAL	1957 1958	1 541,4 1 555,8	302,4 302,4	96,4 86,5	136,1 145,6	314,1 346,3	546,7 578,3	1 295,5 1 349,7	– –	1 249,8 1 282,1	+ 45,7 + 67,5	35,4 35,4
12	EAL	1957 1958	1 535,6 1 327,9	21,0 21,0	15,3 15,9	76,8 89,3	336,9 345,4	429,0 450,6	1 126,5 1 048,6	– –	1 087,1 1 018,9	+ 39,4 + 29,7	19,4 21,2
13	UAL	1957 1958	1 461,1 1 551,4	462,0 462,0	145,4 154,9	163,6 178,5	185,7 215,3	494,6 548,7	1 201,2 1 353,7	– –	1 168,1 1 293,6	+ 33,1 + 60,1	35,5 30,5
14	TCA	1957 1958	399,2 455,2	108,9 108,9	21,8 21,8	– –	28,2 29,1	50,0 50,9	460,0 527,5	– –	458,2 525,1	+ 1,8 + 2,4	7,4 10,9

1. Die Umrechnung in DM erfolgte zu den jeweiligen im Geschäftsjahr vorwiegend gültigen Valutaparitäten
2. Nach den Schlußbilanzen des jeweiligen Geschäftsjahres
3. **Gewinn- und Verlustvorträge sind nicht berücksichtigt**
4. Ohne ausgewiesene Subventionen
5. Geschäftsjahr vom 1.4. bis 31.3. – Die Beträge für Grundkapital und eingezahltesKapital sind nur unter Einschränkung vergleichbar. Als Grundkapital sind das max. Grundkapital-und Kreditlimit aufgeführt, als eingezahltes Kapital die langfristigen Staatskredite. Die Zinsen für diese Kredite wurden jedoch nicht als Dividende aufgeführt
6. Geschäftsjahr vom 1.10. bis 30.9.
7. Bei den U.S.-Luftverkehrsgesellschaften "paid-in capital" bzw. "paid-in surplus"

Quelle: Geschäftsberichte der Gesellschaften

Tabelle 58

Dividenden der wichtigsten Luftverkehrsgesellschaften
der USA in den Jahren 1950 bis 1958

Lfd. Nr.	Gesellschaft	1950	1951	1952	1953	1954	1955	1956	1957	1958
1	2	2	3	4	5	6	7	8	9	10
1	AAL	0,25	0,50	0,50	0,50	0,60	0,80	1,-	1,-	1,-
2	BRANIFF	0,25	0,50	0	0	0,50	0,60	0,60	0,60	0,60
3	CAPITAL	0	0	0	0	5% in Rücklagen	0	0	0	0
4	CONTINENTAL	0,25	0,50	0,50	0,50	0,50	0,50	0,50	0	0
5	DELTA C.& S. 1)2)	0,25	0,75	1,00	0,95	1,20	1,20	1,20	1,20	0,90
6	EASTERN	0,25	0,50	0,50	0,50	0,50	1,00	1,00	1,00	1,00
7	NATIONAL 2)	0	0,25	0,50	0,60	0,60	1,00	0,75	0,50	-
8	NORTHWEST	0	0	0	0	0	0,60	0,80	0,80	0,80
9	NORTHEAST	0	0	0	0	0	0	0	0	0
10	PAA	0,25	0,50	0,50	0,65	0,80	0,80	0,80	0,80	0,80
11	TWA	0	0	0 3)	0	0	0	0	0	0
12	UNITED	0,75	1,50	1,50	1,50	1,50	1,50	1,50	0,50	0,50
13	WESTERN	0	0,50	0,60	0,60	0,60	0,80	.	0,80	0,80

1. Für die Jahre 1950 bis 1952 nur DELTA allein
2. Geschäftsjahr endet jeweils am 30.Juni
3. Im Jahre 1952 hat die TWA 10% ihres Reingewinns in neuen Aktien ausgegeben

Quelle: Aviation Week und American Aviation
Interavia, 13.Jahrg.,Nr.4,1958
Airlift, Vol.23, No 7, Dez.1959
Geschäftsberichte der Gesellschaften

Tabelle 59

Flugzeugbestand, Sitzplatzkapazität, Anschaffungswert und Buchwert des Fluggerätes europäischer und amerikanischer Luftverkehrsgesellschaften im Jahre 1957

Lfd. Nr.	Luftverkehrs- gesellschaft	Land	Flugzeugbestand			Sitzplatz- kapazität	Anschaffungs- wert des Fluggeräts[1] Mio $	Buchwert des Fluggeräts[1] Mio $
			L[2]	M[3]	Gesamt			
1	2		3	4	5	6	7	8
1	Air France	Frankreich	69	62	131	7 241	117,5	46,1
2	BEA	Großbritannien	-	117	117	4 439	87,4	67,6
3	BOAC	Großbritannien	77	-	77	4 478	179,5	140,1
4	DLH	Bundesrepublik	10	12	22	1 174	34,8	31,0
5	KLM	Niederlande	56	39	95	4 723	117,1	61,2
6	LAI/ALITALIA	Italien	13	22	35	1 501	49,2	40,0
7	SABENA	Belgien	27	50	77	2 598	59,1	41,4
8	SAS	Skandinavien	39	27	66	3 809	81,6	49,7
9	Swissair	Schweiz	13	19	32	1 379	....	22,3
10	AAL	USA	143	63	206	11 910	222,6	101,4
11	EAL	USA	107	77	184	10 702	214,0	87,4
12	PAA	USA	131	2	133	7 870	249,7	134,8
13	TWA	USA	141	48	189	10 243	280,9	143,6
14	UAL	USA	131	57	188	10 287	228,3	124,6

1. Nach IACO Anweisungen zur Ausfüllung des Formblattes E (Bilanz):

    Unter Anschaffungswert ist der bei Erwerb von der berichtenden Gesellschaft gezahlte Geldbetrag zu verstehen. Erfolgte der Erwerb auf anderer Grundlage, ist der geschätzte Geldwert am Tage des Erwerbs zu berücksichtigen oder die Höhe der von der Gesellschaft eingegangenen Zahlungsverpflichtung.

    Buchwert: Vermögensteile bewertet zu Anschaffungskosten korrigiert um Abschreibungen.
    Als Abschreibungen sind zu berücksichtigen:

    a) Wertminderung des Vermögens durch Materialausfall, soweit dieser nicht durch Reparatur vermieden werden konnte, sowie Minderung des Gebrauchswertes durch Abnutzung und naturbedingte Einflüsse.

    b) Wertminderung durch Veraltung, fortgeschrittene technische Entwicklung, Austausch von Geräten, um der öffentlichen Meinung der behördlichen Anordnungen Rechnung zu tragen.

    Als Fluggerät wird berücksichtigt:

    a) Fliegendes Material einschließlich der bei seiner Übernahme vorhandenen Instrumente, das Zubehör, die zugehörigen Teile und Einbauten und sonstige Ausrüstung der Flugzeuge.

    b) Motoren, Bodenfunkgerät und Luftschrauben.

    c) Mitgelieferte Ersatzteile, Zubehör und Montageeinrichtungen, soweit die Lebensdauer dieser Gegenstände in Grenzen der Lebensdauer der Flugzeuge liegt, für die sie bestimmt sind.

2. L = Langstreckenflugzeuge
3. M = Mittelstreckenflugzeuge einschl. Kurzstreckenflugzeuge

Quelle: Zu Spalten 3 bis 6: Geschäftsberichte und Einzelauskünfte
Zu Spalten 7 und 8: ICAO Financial Data 1957, Nr. 73 (Formblatt E)

Tabelle 60

Durchschnittliche Fluggasttarife repräsentativer Luftverkehrsgesellschaften der Welt im Jahre 1957

Verkehrs-gebiet	Fluggasttarife in US-cents je genutzten tkm								
	29,0-34,9	35,0-39,9	40,0-44,9	45,0-49,9	50,0-54,9	55,0-59,9	60,0-69,9	70,0-79,9	über 80,0
1	2	3	4	5	6	7	8	9	10
I. Nord-amerika		AMERICAN DELTA EASTERN NATIONAL NORTHWEST TWA UNITED	BRANIFF CPAL MACKEY TCA WESTERN	PAA		PANAGRA	UMCA	CARIBBEAN	
II. Europa	AVIACO	IBERIA	AIR FRANCE FINNAIR SWISSAIR	ALITALIA SABENA TAP	AIR LINGUS BEA BOAC DLH KLM LAI SAS	EAAC			
III. Sonstige Welt		FOSHING	CUBANA JAL QEA TEAL	AII	AIR CEYLON GIA	CAT LIA		MEA PAL	AIR LIBAN

Quelle: ICAO-Digest of Statistics No.73, Serie F-No.11

Tabelle 61

Durchschnittliche Luftposttarife repräsentativer Luftverkehrsgesellschaften der Welt im Jahre 1957

Verkehrs-gebiet	Luftposttarife in US-cents je genutztem tkm									
	15,0-24,9	25,0-34,9	35,0-44,9	45,0-54,9	55,0-64,9	65,0-74,9	75,0-84,9	85,0-94,9	95,0-104,9	über 105,0
1	2	3	4	5	6	7	8	9	10	11
I. Nord-amerika	AMERICAN EASTERN NATIONAL RIDDLE UNITED WESTERN	BRANIFF DELTA NORTHWEST TWA	PAA		PANAGRA	TCA		CARIBBEAN		CPAL
II. Europa			AVIACO FINNAIR	AER LINGUS DLH	AIR FRANCE IBERIA SABENA	KLM SAS SWISSAIR	ALITALIA BEA TAP	BOAC EAAC LAI		
III. Sonstige Welt		FOSHING GIA		CAT	JAL	AII	AIR LIBAN LIA	AIR CEYLON QEA TEAL	MEA	CUBANA PAL

Quelle: ICAO-Digest of Statistics No.73, Serie F-No.11

Tabelle 62

Durchschnittliche Frachttarife repräsentativer Luftverkehrsgesellschaften der Welt im Jahre 1957

Verkehrs-gebiet	Frachttarife in US-cents je genütztem tkm							
	13,5-19,9	20,0-24,9	25,0-29,9	30,0-34,9	35,0-39,9	40,0-44,9	45,0-49,9	über 50,0
1	2	3	4	5	6	7	8	9
I. Nord-amerika	AEROVIAS AMERICAN DELTA EASTERN NATIONAL RIDDLE TWA UNITED	BRANIFF NORTHWEST PAA SEABOARD WESTERN	PANAGRA TCA	CPAL UMCA		MACKEY		CARIBBEAN
II. Europa		AIR FRANCE AVIACO	AER LINGUS BOAC EAAC FINNAIR KLM LAI SABENA SAS SWISSAIR TAP	ALITALIA BEA IBERIA			DLH	
III. Sonstige Welt	FOSHING	MEA QEA	AII AIR CEYLON AIR LIBAN CUBANA GIA LIA	TEAL	CAT EAL JAL MALAYAN	PAL		

Quelle: ICAO-Digest of Statistics No.73, Serie F-No.11

Tabelle 63

Durchschnittliche Selbstkosten und Verkaufspreise je genutztem tkm[1] im USA-Luftverkehr 1950 - 1958

	Verkaufs-preise	Selbst-kosten	Kostenunter- bzw. überdeckung
	DM/tkm	DM/tkm	%
0	1	2	3
USA-Inland-Luftverkehr[2]			
1950	1,51	1,36	+11,0
1951	1,58	1,33	+18,8
1952	1,57	1,38	+13,8
1953	1,55	1,39	+11,5
1954	1,53	1,36	+12,5
1955	1,53	1,34	+14,2
1956	1,52	1,38	+10,1
1957	1,52	1,46	+ 4,1
1958[3]	1,60	1,48	+ 8,1
Internationaler US-Luftverkehr			
1950	1,94	2,20	-11,8
1951	1,91	2,19	-12,8
1952	1,88	2,06	- 8,7
1953	1,86	1,96	- 5,1
1954	1,82	1,84	- 1,1
1955	1,77	1,66	+ 6,6
1956	1,79	1,63	+ 9,8
1957	1,72	1,60	+ 7,5
1958[3]	1,69	1,64	+ 3,0

1. Ohne Luftpostverkehr
2. Domestic Trunk Lines
3. Vorläufige Ergebnisse

Quelle: ATA, Air Transport Facts and Figures
20th Ed., 1959

Tabelle 64

Die Verteilung der Erträge der im planmäßigen Luftverkehr der USA tätigen Gesellschaften in den Jahren 1952 bis 1958 nach Verkehrsarten und Verkehrsgebieten

Verkehrserträge[1]

Verkehrsgebiet	Jahr	Insgesamt genutzte tkm Mio	Personen-verkehr 1000 $	% des Gesamt-verkehrs	Fracht- u. Stückgut-verkehr 1000 $	% des Gesamt-verkehrs	USA-Post-verkehr 1000 $	% des Gesamt-verkehrs	Gesamt-verkehr[2] 1000 $
1	2	3	4	5	6	7	8	9	10
Kontinentaler Verkehr[3]	1952	2 039	671 257	87,5	41 382	5,4	35 910	4,7	768 015
	1953	2 372	775 782	88,5	46 170	5,3	37 083	4,2	878 793
	1954	2 676	872 834	89,2	48 114	4,9	37 310	3,8	978 218
	1955	3 152	1 021 955	90,2	59 010	4,9	30 130	2,66	1 133 348
	1956	3 529	1 142 197	90,4	60 274	4,8	34 202	2,71	1 262 831
	1957	3 971	1 287 172	90,7	64 537	4,6	34 944	2,46	1 419 614
	1958	4 016	1 362 791	90,0	73 432	4,9	38 501	2,54	1 513 019
Regionaler Verkehr[4]	1952	53	19 766	46,5	822	1,9	21 177	50,1	42 379
	1953	60	23 306	47,5	925	1,9	24 356	49,5	49 358
	1954	69	27 673	51,0	1 000	1,8	24 652	45,5	54 473
	1955	81	32 840	57,2	1 221	2,1	22 107	38,2	57 450
	1956	98	40 166	59,3	1 525	2,3	24 317	35,9	67 712
	1957	115	47 464	57,7	1 774	2,2	30 862	37,6	82 139
	1958	126	56 421	59,5	1 979	2,1	33 893	35,8	94 654
Territorial- u. Alaska-Verkehr[5]	1952	31	10 290	46,5	2 099	9,4	8 292	37,3	22 207
	1953	39	11 586	44,5	2 543	9,8	10 188	39,2	26 026
	1954	40	11 749	45,0	2 569	9,9	8 290	38,2	25 994
	1955	55	13 848	47,2	3 216	10,9	8 290	28,2	29 438
	1956	78	16 242	44,2	3 536	9,6	9 058	24,6	36 782
	1957	61	18 238	51,5	3 432	9,7	9 156	25,9	35 368
	1958	65	19 588	51,1	3 520	9,2	9 996	25,9	38 316
Internationale Strecken	1952	634	212 458	67,5	26 817	8,5	51 533	16,4	314 918
	1953	693	232 539	69,5	27 331	8,1	53 746	15,9	337 286
	1954	780	254 234	70,8	29 684	8,3	49 192	13,7	358 849
	1955	925	294 828	75,7	31 930	8,1	47 222	7,1	394 304
	1956	1 082	342 553	75,7	36 765	8,1	35 234	7,8	452 665
	1957	1 207	377 655	77,4	41 555	8,5	28 920	5,9	487 948
	1958	1 275	386 084	76,2	43 855	8,7	32 655	6,4	506 557
Hubschrauber-Verkehr	1952	0,1	-	-	-	-	1 033	98,0	1 046
	1953	0,2	10	0,4	4	0,2	2 547	98,0	2 605
	1954	0,2	63	2,0	51	1,7	2 878	94,0	3 070
	1955	0,3	208	6,2	123	3,6	2 960	88,1	3 355
	1956	0,4	438	11,8	143	3,9	3 067	82,6	3 711
	1957	0,7	968	19,3	137	2,7	3 804	75,6	5 032
	1958	0,9	1 460	24,3	133	2,2	4 305	71,5	6 015
Gesamtverkehr	1952	2 757	913 771	79,5	71 120	6,8	117 945	10,2	1 148 565
	1953	3 164	1 043 223	80,5	76 973	5,7	127 920	9,9	1 294 068
	1954	3 565	1 166 553	82,4	81 418	5,7	123 898	9,9	1 420 604
	1955	4 215	1 365 579	84,8	95 500	5,9	90 709	5,6	1 607 895
	1956	4 787	1 541 596	84,5	102 243	5,6	105 878	5,8	1 823 701
	1957	5 355	1 731 497	85,3	111 435	5,5	107 686	5,3	2 030 101
	1958	5 483	1 826 344	84,6	122 919	5,7	119 290	5,5	2 158 561

1. Für 1958 vorläufige Zahlen
2. Im Gesamtverkehr sind auch die Zahlen des Gepäckverkehrs, der Beförderung ausländischer Postsendungen sowie die im Bedarfsverkehr erzielten Erträge enthalten
3. Betrifft Domestic Trunk Airlines
4. Domestic Local Service Airlines (befliegen weniger verkehrsdichte Strecken)
5. Pazifische Inseln, Karibische See, nach und in Alaska

Quelle: Air Transport Association of America, Air Transport Facts and Figures, 20th Edition, 1959

Tabelle 65

Verkehrsergebnisse der wichtigsten Luftverkehrsgesellschaften der Vereinigten Staaten von Nordamerika im kontinentalen und interkontinentalen Verkehr der Jahre 1957 und 1958

Lfd. Nr.	Gesellschaft	Jahr	Verkehrsleistung insgesamt 1000 tkm	Kontinentaler Verkehr			Interkontinentaler Verkehr		
				Erträge 1000 $	Aufwendungen 1000 $	Ergebnis[1] 1000 $	Erträge 1000 $	Aufwendungen 1000 $	Ergebnis[1] 1000 $
1	2		3	4	5	6	7	8	9
1	AAL *	1957 1958	1 540 347 1 554 688	299 916 310 503	282 910 284 058	17 005 26 445	6 040 6 737	5 619 6 839	421 - 102
2	BRANIFF *	1957 1958	320 600 337 995	54 322 61 964	50 552 55 068	3 770 6 897	8 566 7 673	7 888 8 193	678 - 520
3	CAPITAL	1957 1958	330 746[2] 311 673[2]	94 401 95 520	94 019 92 462	382 3 058	- -	- -	- -
4	CONTINENTAL	1957 1958	85 152[2] 101 357[2]	23 273 28 455	22 576 27 417	696 1 038	- -	- -	- -
5	DELTA *	1957 1958	406 846 453 345	77 753 90 137	73 684 82 944	4 069 7 194	6 587 5 602	5 492 5 532	1 095 70
6	EASTERN *	1957 1958	1 535 629 1 327 866	243 194 225 158	235 079 215 189	8 115 9 969	19 296 21 084	16 489 19 628	2 807 1 457
7	NATIONAL *	1957 1958	299 161 358 379	50 419 59 530	48 318 56 490	2 102 3 040	3 410 4 462	3 168 4 117	242 345
8	NORTHEAST	1957 1958	61 986[2] 106 592[2]	15 894 26 739	20 113 30 486	- 4 219 - 3 747	- -	- -	- -
9	NORTHWEST *	1957 1958	417 499 461 242	54 494 67 582	54 505 63 828	- 10 3 754	28 938 34 139	23 944 27 012	4 994 7 127
10	PAA *	1957 1958	1 206 203 1 243 759	- -	- -	- -	311 264 311 526	297 682 305 515	13 582 6 211
11	PANAGRA *	1957 1958	59 273 61 026	- -	- -	- -	20 158 18 469	19 444 18 732	714 - 263
12	TRANS CARIBBEAN *	1957 1958	- 20 673	- -	- -	- -	- 3 834	- 3 937	- - 103
13	TWA *	1957 1958	1 256 651 1 299 060	196 337 209 608	201 406 205 179	- 5 068 4 429	67 164 75 056	66 660 81 239	504 - 6 182
14	UNITED *	1957 1958	1 461 070 1 551 398	268 169 305 535	257 904 273 834	10 265 31 701	13 777 14 426	11 730 12 429	2 047 1 997
15	WESTERN	1957 1958	200 954 180 187	41 451 32 519	36 511 31 170	4 940 1 348	768 1 451	912 1 744	- 144 - 293

* IATA-Gesellschaften
1. Vor Abzug der Steuern
2. Berechnet aus den genutzten tkm und dem Auslastungsfaktor

Quellen: Airlift, Mai 1959
ICAO-Digest of Statistics No 75, Serie T-No 16
IATA-World Air Transport Statistics

Tabelle 66

Erträge und Aufwendungen in DM je genutztem tkm im USA-Luftverkehr 1950 bis 1958

	Erträge/genutztem tkm						Aufwendungen je genutztem tkm bezogen auf Gesamtverkehr
	Personen-verkehr	Luft-fracht-verkehr	Stück-gut-verkehr	Charter-flüge u. Sonstiges	US-Luft-Post-verkehr	Gesamt	
0	1	2	3	4	5	6	7
USA Inland-Luftverkehr[1]							
1950	1,66	0,56	1,00	1,95	2,89	1,57	1,36
1951	1,67	0,61	1,05	2,46	1,70	1,57	1,33
1952	1,66	0,64	1,14	2,71	1,52	1,56	1,38
1953	1,63	0,64	1,15	2,79	1,50	1,54	1,39
1954	1,61	0,66	1,09	2,35	1,34	1,52	1,36
1955	1,61	0,66	1,12	2,59	1,01	1,51	1,34
1956	1,60	0,64	1,18	2,59	1,07	1,51	1,38
1957	1,59	0,66	0,99	2,76	1,03	1,50	1,46
1958[2]	1,69	0,68	1,01	2,80	1,06	1,58	1,48
Internat. USA-Luft-verkehr							
1950	2,04	1,06	1,03	4,12	7,75	2,12	2,20
1951	2,00	1,02	0,94	4,12	7,04	2,19	2,19
1952	1,97	1,07	0,90	3,35	6,74	2,12	2,06
1953	1,95	1,07	0,98	3,09	6,33	2,08	1,96
1954	1,93	1,05	0,93	2,50	4,01	1,96	1,84
1955	1,87	1,02	0,94	2,28	1,50	1,75	1,66
1956	1,88	0,97	-	2,09	1,82	1,76	1,63
1957	1,84	0,97	-	2,01	1,45	1,70	1,60
1958[2]	1,86	0,98	-	1,56	1,43	1,67	1,64

1. Domestic Trunk Lines
2. Vorläufige Ergebnisse

Quelle: ATA, Air Transport Facts and Figures, 20th Ed., 1959

Tabelle 67

Gesamterträge und Postsubventionen im USA-Luftverkehr
1950 - 1958

	Gesamterträge	Luftpostaufkommen	Postsubventionen[1]	
	Mio DM	Mio tkm	DM/tkm	Mio DM
0	1	2	3	4
USA-Inland-[2] Luftverkehr				
1950	2 201,3	67,6	2,33	157,6
1951	2 765,8	91,9	1,09	100,2
1952	3 225,7	99,7	0,88	87,7
1953	3 690,9	104,7	0,86	90,1
1954	4 108,5	117,1	0,68	79,6
1955	4 760,1	125,6	0,35	44,0
1956	5 303,9	133,9	0,43	57,6
1957[3]	5 962,4	141,9	0,37	52,5
1958[3]	6 354,7	151,8	0,38	57,7
Internationaler USA-Luftverkehr				
1950	1 092,6	30,9	6,69	206,9
1951	1 208,8	31,9	6,02	192,3
1952	1 322,7	32,2	5,67	182,7
1953	1 416,6	35,7	5,26	187,9
1954	1 507,2	51,6	2,96	152,7
1955	1 614,1	76,5	0,48	36,7
1956	1 901,2	80,5	0,85	68,5
1957[3]	2 049,4	83,6	0,48	40,1
1958[3]	2 127,6	96,1	0,45	43,2

1. Errechnet aus der Differenz zwischen den Leistungsvergütungen aus dem Luftpostverkehr und denen des Luftfrachtverkehrs
2. Domestic Trunk Lines
3. Vorläufige Ergebnisse

Quelle: ATA, Air Transport Facts and Figures, 20th Ed., 1959

Tabelle 68

Aufgliederung der Verkehrserträge und Berechnung der Postsubventionen bei ausgewählten IATA-Luftverkehrsgesellschaften in den Jahren 1957 und 1958[1])

Lfd. Nr.	Luftverkehrs-gesellschaft	Jahr	Verkehrsaufkommen						Verkehrserträge							Post-subventionen[3])	
			Ges Mio tkm	Pers[2]) Mio tkm	Fracht Mio tkm	Post Mio tkm	Ges Mio DM	Personen Mio DM	Personen DM/tkm	Fracht Mio DM	Fracht DM/tkm	Post Mio DM	Post DM/tkm		DM/tkm	1000 DM
1	2	3	4	5	6	7	8	9	10	11	12	13	14	15			
1	AIR FRANCE	1957	383,0	274,2	61,5	22,1	743,1	504,1	1,84	49,3	0,80	58,5	2,65	1,85	40 885		
		1958	401,9	294,4	62,6	23,3	872,1	607,1	2,06	65,1	1,04	57,0	2,45	1,40	32 736		
2	BEA [4])	1957/58	149,0	136,6	14,5	5,3	333,3	281,2	2,06	20,7	1,43	18,0	3,40	1,97	10 441		
		1958/59	159,7	144,3	17,0	5,9	373,5	313,3	2,17	24,7	1,45	20,0	3,39	1,94	11 446		
3	BOAC [4])	1957/58	300,9	195,6	51,8	29,5	629,5	425,0	2,17	60,1	1,16	111,3	3,78	2,62	77 290		
		1958/59	312,6	214,3	49,6	30,4	686,8	470,9	2,20	58,5	1,18	112,5	3,70	2,52	76 608		
4	DLH	1957	55,6	44,9	6,5	4,2	122,8	100,3	2,24	8,0	1,23	14,5	3,46	2,23	9 341		
		1958	78,9	62,2	11,3	5,5	169,5	138,2	2,22	13,2	1,17	18,1	3,32	2,15	12 920		
5	KLM	1957	264,1	184,7	69,0	10,4	548,5	393,7	2,13	77,1	1,12	30,9	2,97	1,85	19 240		
		1958	266,1	185,4	71,1	9,6	541,8	390,2	2,10	78,8	1,11	27,9	2,91	1,80	17 280		
6	SABENA	1957	137,7	100,5	30,5	6,7	239,5	178,6	1,78	29,3	0,96	16,7	2,50	1,54	10 303		
		1958	160,8	122,7	31,3	6,8	291,5	231,6	1,89	31,0	0,99	17,7	2,61	1,62	10 984		
7	SAS [5])	1957/58	179,5	145,4	24,3	9,8	391,5	330,4	2,27	30,4	1,25	28,0	2,85	1,60	15 680		
		1958/59	203,1	166,0	27,0	10,1	427,6	366,1	2,17	33,9	1,26	28,6	2,83	1,58	15 958		
8	SWISSAIR	1957	104,2	83,0	15,8	5,4	189,8	150,3	1,81	17,1	1,08	15,0	2,76	1,68	9 113		
		1958	123,1	95,8	20,9	6,3	226,4	178,9	1,87	22,2	1,06	16,9	2,68	1,62	10 238		
9	PAA	1957	765,0	529,0	138,4	53,3	1313,2	1022,3	1,93	131,3	0,95	91,1	1,71	0,76	40 508		
		1958	781,1	528,6	145,7	59,4	1315,3	1008,5	1,91	140,3	0,96	98,3	1,66	0,70	41 580		
10	TWA	1957	718,9	623,0	60,8	35,2	1107,4	984,1	1,58	49,2	0,81	48,9	1,39	0,58	20 416		
		1958	750,9	651,9	61,0	37,9	1196,3	1055,7	1,62	47,8	0,78	51,2	1,35	0,57	21 603		
11	AAL	1957	900,1	722,1	138,8	29,3	1285,0	1144,1	1,59	90,6	0,65	28,9	0,99	0,34	9 962		
		1958	897,5	703,5	151,8	29,8	1332,4	1180,5	1,68	101,7	0,67	29,4	0,99	0,32	9 536		
12	EAL	1957	736,5	683,0	32,2	17,8	1102,4	1054,4	1,55	22,9	0,71	18,6	1,04	0,33	5 874		
		1958	652,6	606,4	27,4	15,3	1034,2	986,3	1,63	23,3	0,85	16,9	1,10	0,25	3 825		
13	UAL	1957	826,2	684,9	97,8	43,4	1184,2	1067,3	1,56	66,0	0,67	41,1	0,95	0,28	12 152		
		1958	896,8	733,6	115,4	47,9	1343,8	1209,8	1,65	79,8	0,69	45,4	0,95	0,26	12 454		
14	TCA	1957	237,4	199,7	22,6	14,4	457,4	380,8	1,91	27,8	1,23	42,1	2,92	1,69	24 336		
		1958	270,9	232,0	22,4	15,2	525,2	446,6	1,93	28,5	1,27	43,1	2,84	1,57	23 864		

1. Umrechnung in DM erfolgte zu Valutaparitäten
2. Einschließlich Übergepäck
3. Errechnet aus der Differenz zwischen den Erträgen pro tkm im Postverkehr und denen im Frachtverkehr
4. Geschäftsjahr vom 1.4. bis 31.3.
5. Geschäftsjahr vom 1.10. bis 30.9.

Quelle: Geschäftsberichte der Gesellschaften und Einzelauskünfte

Tabelle 69

Die Ertragsstruktur ausgewählter IATA-Luftverkehrsgesellschaften in den Jahren 1957 und 1958[1])

Lfd. Nr.	Gesellschaft	Geschäfts-jahr	Gesamterträge 1000 DM	Gesamtaufwend. 1000 DM	Gewinn bzw. Verlust 1000 DM	Ausgewiesene Subventionen 1000 DM	Postsubven-tionen[2]) 1000 DM	Ergebnis o. Subvention. 1000 DM	Anteil der Subv. am Gesamtertrag %
1	2		3	4	5	6	7	8	9
1	AIR FRANCE	1957	804 759	803 843	916	39 691	40 885	− 79 660	10,0
		1958	945 189	943 561	1 628	47 519	32 736	− 78 627	8,5
2	BEA [3])	1957/58	355 928	343 521	12 407	−	10 441	− 1 966	2,9
		1958/59	400 713	397 975	2 738	−	11 446	− 8 708	2,9
3	BOAC [3])	1957/58	716 139	749 530	− 33 391	−	77 290	−110 681	10,8
		1958/59	776 487	837 397	− 60 910	−	76 608	−137 518	9,9
4	DLH	1957	155 908	155 908	−	27 094	9 341	− 36 435	23,4
		1958	213 443	213 443	−	35 243	19 920	− 48 163	22,6
5	KLM	1957	557 655	532 404	25 251	−	19 240	− 6 011	3,5
		1958	559 556	545 079	14 477	−	17 280	− 2 803	3,1
6	SABENA	1957	257 331	252 650	4 681	−	10 303	− 5 622	4,0
		1958	310 931	310 931	−	10 107	10 984	− 21 091	6,8
7	SAS [4])	1956/57	404 049	395 525	8 524	843	15 680	− 7 999	4,1
		1957/58	443 552	443 552	−	824	15 958	− 16 782	3,8
8	SWISSAIR	1957	202 173	199 123	3 050	480	9 113	− 6 543	4,7
		1958	241 971	237 071	4 900	480	10 238	− 5 818	4,4
9	PAA	1957	1 332 120	1 297 498	34 612	−	40 508	− 5 896	3,0
		1958	1 336 423	1 315 045	21 378	−	41 580	− 20 202	3,1
10	TWA	1957	1 134 897	1 141 442	− 6 546	−	20 416	− 26 962	1,8
		1958	1 213 183	1 220 594	− 7 410	−	21 603	− 29 013	1,8
11	AAL	1957	1 295 479	1 249 758	45 721	−	9 962	− 35 759	0,8
		1958	1 349 673	1 282 137	67 539	−	9 536	− 58 003	0,7
12	EAL	1957	1 126 484	1 087 096	39 388	−	5 874	− 33 514	0,5
		1958	1 048 592	1 018 864	29 728	−	3 825	− 25 903	0,4
13	UAL	1957	1 201 223	1 168 092	33 131	−	12 152	− 20 979	1,0
		1958	1 353 666	1 293 605	60 061	−	12 454	− 47 607	0,9
14	TCA	1957	459 992	458 229	1 763	−	24 336	− 22 573	5,3
		1958	527 464	525 079	2 385	−	23 864	− 21 479	4,5

1. Gewinn- und Verlustvorträge sind nicht berücksichtigt. Umrechnung in DM erfolgte zu Valutaparitäten
2. Errechnet
3. Geschäftsjahr vom 1.4. bis 31.3.
4. Geschäftsjahr vom 1.10. bis 30.9.

Quelle: Geschäftsberichte der Gesellschaften und Einzelauskünfte

Tabelle 70

Subventionszahlungen an acht europäische Luftverkehrsgesellschaften in den Jahren 1954 bis 1958

Mio DM

Lfd. Nr.	Gesellschaft	Errechnete Postsubventionen					Direkte Subventionen					Gesamtsubventionen				
		1954	1955	1956	1957	1958	1954	1955	1956	1957	1958	1954	1955	1956	1957	1958
1	2	2	3	4	5	6	7	8	9	10	11	12	13	14	15	16
1	AIR FRANCE	49,3	43,1	48,8	40,9	32,7	33,6	34,6	38,5	39,7	47,5	82,9	77,7	87,0	80,6	80,3
2	BEA [1]	9,0	11,0	10,8	10,4	11,4	17,0	-	-	-	-	26,0	11,0	10,8	10,4	11,4
3	BOAC [1]	66,5	79,8	82,9	77,3	76,6	11,8	-	-	-	-	78,3	79,8	82,9	77,3	76,6
4	DLH	-	2,1	6,5	9,3	12,9	5,5	20,5	20,1	27,1	35,2	5,5	22,6	26,6	36,4	48,2
5	KLM	19,5	17,0	17,5	19,2	17,3	-	-	-	-	-	19,5	17,0	17,5	19,2	17,3
6	SABENA	6,8	7,5	8,0	10,3	11,0	-	-	-	-	10,1	6,8	7,5	8,0	10,3	21,1
7	SAS [2]	13,6	14,9	14,5	15,7	16,0	1,0	1,1	0,8	0,8	0,8	14,6	16,0	15,3	16,5	16,8
8	SWISSAIR	5,5	6,1	6,6	9,1	10,2	0,5	0,5	0,5	0,5	0,5	6,0	6,6	7,1	9,6	10,7

1. Geschäftsjahr jeweils vom 1.4. des angegebenen Jahres bis zum 31.3. des folgenden Jahres
2. Geschäftsjahr jeweils vom 1.10. des vorhergehenden Jahres bis zum 30.9. des angegebenen Jahres

Quelle: Geschäftsberichte der Gesellschaften und Einzelauskünfte
Angaben des SAS für die Jahre 1954 bis 1956 entnommen dem ICAO-Digest of Statistics, Serie F

Tabelle 71

Analyse der Kosten- und Ertragsstruktur des Weltluftverkehrs gegliedert nach Verkehrsgebieten[1] für das Jahr 1957

Ertrags- und Kostenarten	Europa Erträge = $ 847,4 Mio / Kosten = $ 847,8 Mio / Genutzte tkm = 1760,4 Mio US-cents je genutztem tkm	%	USA Erträge = $ 1810,5 Mio / Kosten = $ 1740,9 Mio / Genutzte tkm = 5142,3 Mio US-cents je genutztem tkm	%	Sonstige Welt Erträge = $ 296,1 Mio / Kosten = $ 294,7 Mio / Genutzte tkm = 637,8 Mio US-cents je genutztem tkm	%
1	2	3	4	5	6	7
I. Erträge						
1. Passagiere	48,8	72,6	39,1	85,3	45,3	73,7
2. Übergepäck	68,6	1,6	45,9	1,4	44,5	1,3
3. Post	73,3	8,7	30,4	3,8	78,5	10,7
4. Fracht	27,6	8,9	18,4	6,3	27,9	7,9
5. Sonderflüge[2]	21,9	2,5	13,3	2,1	45,8	3,7
6. Sonstiges	-	5,6	-	1,1	-	2,7
Gesamterträge[2]	48,1	100,0	35,2	100,0	46,4	100,0
II. Kosten						
1. Flugzeugpark	15,6	32,5	10,5	31,0	14,8	32,2
a. Abschreibungen	4,3	9,0	3,2	9,5	3,6	7,7
b. Versicherung	0,7	1,4	0,2	0,7	0,6	1,2
c. Wartung und Überholung	9,4	19,5	6,5	19,2	10,1	22,0
d. Charter	1,2	2,5	0,5	1,6	0,6	1,3
2. Flugbetrieb	16,4	34,0	12,3	36,3	15,0	32,6
a. Flugzeugbesatzung	4,1	8,5	4,0	11,9	3,5	7,7
b. Betriebsstoffe und Öle	6,9	14,3	5,8	17,3	7,2	15,7
c. Fluggastdienst[3]	3,3	6,8	2,3	6,8	3,2	7,0
d. Landegebühren[3]	1,2	2,5	-	-	0,8	1,6
e. Sonstiges	0,9	1,9	0,1	0,3	0,3	0,6
3. Techn. Ausbildung und Testflüge[4]	0,1	0,2	0,1	0,2	0,5	1,1
4. Flughafenbetrieb	4,8	10,0	5,4	15,9	6,4	13,5
5. Verkauf und Werbung	8,0	16,7	4,1	12,2	6,9	15,0
6. Verwaltung	3,1	6,5	1,5	4,4	2,6	5,6
Gesamtkosten	48,1	100,0	33,9	100,0	46,2	100,0

1. Die Ergebnisse umfassen 16 europäische, 18 US-amerikanische und 16 Luftverkehrsgesellschaften der übrigen Welt
2. Bezugsgröße für Sonderflüge sind die angebotenen tkm
3. Bei den US-Luftverkehrsgesellschaften in die Kosten des Flughafenbetriebes einbezogen, bei den Luftverkehrsgesellschaften "Sonstige Welt" teilweise
4. Nur teilweise von den Luftverkehrsgesellschaften gesondert ausgewiesen

Tabelle 72

Analyse der Kosten- und Ertragsstruktur kontinentaler und interkontinentaler europäischer Luftverkehrsgesellschaften in den Geschäftsjahren 1957/1958 und 1958/1959

Ertrags- und Kostenarten	Kontinentale Luftverkehrsgesellschaft B E A 1957/58 Erträge = ∅ 79,3 Mio Kosten = ∅ 74,1 Mio Genutzte tkm = 149,0 Mio US-cents je genutztem tkm		Kontinentale Luftverkehrsgesellschaft B E A 1958/59 Erträge = ∅ 88,9 Mio Kosten = ∅ 84,9 Mio Genutzte tkm = 159,8 Mio US-cents je genutztem tkm		Interkontinentale Luftverkehrsgesellschaft B O A C 1957/58 Erträge = ∅ 150,0 Mio Kosten = ∅ 150,3 Mio Genutzte tkm = 310,0 Mio US-cents je genutztem tkm		Interkontinentale Luftverkehrsgesellschaft B O A C 1958/59 Erträge = ∅ 163,5 Mio Kosten = ∅ 160,8 Mio Genutzte tkm = 328,0 Mio US-cents je genutztem tkm	
1	2	3	4	5	6	7	8	9
I. Erträge								
1. Passagiere	51,7	82,9	54,4	82,4	51,5	66,1	52,1	67,3
2. Übergepäck	-	1,5	-	1,4	-	1,3	-	1,3
3. Post	81,5	5,4	80,5	5,4	89,9	17,7	87,2	16,4
4. Fracht	34,0	6,2	34,7	6,6	27,6	9,6	28,1	8,5
5. Sonderflüge	-	0,5	-	0,5	27,1	4,3	27,1	5,6
6. Sonstiges	-	3,5	-	3,7	-	0,9	-	0,9
Gesamterträge	53,2	100,0	55,6	100,0	49,9	100,0	49,9	100,0
II. Kosten								
1. Flugzeugpark	14,7	29,5	15,8	29,7	21,6	43,2	19,8	40,3
a. Abschreibungen	4,1	8,2	4,4	8,3	3,6	7,3	4,6	9,4
b. Versicherung	0,7	1,3	1,3	2,5	0,6	1,3	0,9	1,9
c. Wartung und Überholung	8,6	17,3	8,8	16,6	13,0	25,9	12,8	26,1
aa. Arbeitskosten	1,1	2,1	1,1	2,1	5,5	11,0	5,2	10,7
bb. Materialkosten	1,0	2,1	1,4	2,7	2,7	5,3	2,7	5,5
cc. Eigene Werkstätten	3,5	7,0	3,5	6,5	1,6	3,1	1,5	3,1
dd. Fremde Werkstätten	3,0	6,0	2,8	5,3	3,2	6,5	3,3	6,8
d. Charter	1,3	2,7	1,2	2,3	4,4	8,7	1,4	2,9
2. Flugbetrieb	14,7	29,5	15,5	29,2	14,4	28,9	14,5	29,6
a. Personalkosten	3,7	7,5	3,9	7,4	2,7	5,3	2,8	5,8
b. Versorgung der Besatzung	0,7	1,4	0,8	1,4	1,0	2,0	1,0	2,1
c. Brennstoffe und Öle	6,0	12,0	5,9	11,0	6,3	12,7	5,9	12,0
d. Fluggastdienst	2,4	4,8	2,7	5,0	3,4	6,8	3,5	7,2
aa. Verpflegung	1,4	2,9	1,5	2,9	1,4	2,8	1,8	3,6
bb. Versicherung	0,1	0,2	0,2	0,3	0,7	1,3	3,4	5,5
cc. Stewards	0,8	1,6	0,9	1,8	1,3	2,5	1,4	2,8
e. Landegebühren	1,7	3,4	2,1	3,9	0,8	1,7	1,0	2,1
f. Sonstiges	0,2	0,4	0,3	0,5	0,2	0,4	0,2	0,4
3. Techn. Ausbildung und Testflüge	0,9	1,8	0,6	1,2	1,0	2,0	1,2	2,4
4. Flughafenbetrieb	9,9	19,9	11,0	20,8	3,3	6,6	3,4	7,0
a. Personalkosten	6,4	13,0	6,8	12,8	1,7	3,5	1,7	3,5
b. Fremddienste	1,8	3,6	2,4	4,6	1,0	1,9	1,1	2,3
c. Sonstiges	1,7	3,3	1,8	3,4	0,6	1,2	0,6	1,2
5. Verkauf und Werbung	5,6	11,3	5,8	11,0	7,6	15,2	8,4	17,1
a. Personalkosten	0,9	1,8	0,9	1,7	2,0	4,0	2,2	4,5
b. Agentenprovisionen	3,6	7,2	3,9	7,4	2,4	4,8	2,4	4,9
c. Werbung	1,1	2,2	1,0	1,8	1,7	3,3	2,0	4,0
d. Sonstiges	0,0	0,1	0,1	0,1	1,5	3,1	1,8	3,6
6. Hauptverwaltung	4,0	8,0	4,3	8,2	2,0	4,1	1,8	3,6
Gesamtkosten	49,7	100,0	53,1	100,0	50,0	100,0	49,0	100,0

Tabelle 73

Analyse der Kosten- und Ertragsstruktur der Deutschen Lufthansa A.G. für die Jahre 1957 und 1958

Ertrags- und Kostenarten	1957 US-cents je genutztem tkm	1957 %	1958 US-cents je genutztem tkm	1958 %
	Erträge = $ 30,7 Mio Kosten = $ 31,1 Mio Genutzte tkm = 56,7 Mio		Erträge = $ 42,4 Mio Kosten = $ 50,8 Mio Genutzte tkm = 80,7 Mio	
1	2	3	4	5
I. Erträge				
1. Fluggäste	52,3	76,7	52,2	76,5
2. Post	82,5	11,3	79,0	10,2
3. Fracht	29,2	6,2	27,9	7,4
4. Sonderflüge u.a.[1]	32,2	1,1	26,1	1,1
5. Sonstiges	-	4,7	-	4,9
Gesamterträge[1]	54,1	100,0	52,5	100,0
II. Kosten				
1. Flugzeugpark	21,4	32,6	21,8	34,6
a. Abschreibungen	9,4	14,3	9,7	15,3
b. Wartung und Überholung	10,9	16,6	10,1	16,0
aa. Materialkosten	3,6	5,6	3,8	6,1
bb. Fremde Werkstätten	0,8	1,2	0,4	0,6
cc. Sonstiges	6,5	9,8	6,9	9,3
c. Chartergebühren	1,2	1,8	2,0	3,2
2. Flugbetrieb	18,5	28,3	16,8	26,6
a. Brennstoffe und Öle	8,8	13,4	7,6	12,1
b. Kabinendienste	3,7	5,7	3,6	5,8
c. Lande- u. Abfertigungsgebühren	3,6	5,6	3,8	6,0
d. Sonstiges	2,4	3,6	1,7	2,7
3. Flugschulung	2,4	3,7	2,2	3,5
4. Verkehrsleitung u. Verkehrsaußenstellen	7,8	11,9	7,7	12,3
5. Verkauf und Werbung	12,4	18,9	11,7	18,5
a. Agenturprovisionen	2,5	3,9	2,5	4,0
b. Werbung	2,1	3,2	1,9	3,1
c. Sonstiges	7,8	11,8	7,3	11,4
6. Allgemeine Verwaltung	3,1	4,7	2,8	4,5
Gesamtkosten	65,5	100,0	63,0	100,0

1. Bezugsgröße für die Sonderflüge sind die angebotenen tkm.

Additional material from *Die Entwicklung des Weltluftverkehrs bis 1957/1958*, ISBN 978-3-663-04084-2 (978-3-663-04084-2_OSFO6), is available at http://extras.springer.com

5.

Der Flughafenverkehr und die Eingliederung der deutschen Verkehrsflughäfen in den Weltluftverkehr
(Tab. 75 - Tab. 82)

Tabelle 75

Belastung der deutschen Verkehrsflughäfen im gewerblichen und nicht-gewerblichen Luftverkehr in den Jahren 1955 bis 1958
(Flugzeugbewegungen)

Lfd. Nr.	Flughafen	Gewerblicher Verkehr							
		1955		1956		1957		1958	
		abs.	[%]	abs.	[%]	abs.	[%]	abs.	[%]
1	Berlin	28 883	15,2	30 432	14,9	29 474	12,6	30 045	11,8
2	Bremen	5 504	2,9	5 145	2,5	8 702	3,7	7 527	2,9
3	Düsseldorf	24 234	12,7	29 321	14,4	34 369	14,7	38 203	14,9
4	Frankfurt	39 692	20,9	46 731	22,9	50 357	21,5	60 617	23,7
5	Hamburg	32 449	17,0	28 211	13,8	30 158	12,9	28 639	11,2
6	Hannover	17 731	9,3	17 436	8,5	24 075	10,3	20 913	8,2
7	Köln/Bonn	3 099	1,6	4 100	2,0	7 866	3,4	12 070	4,7
8	München	15 699	8,3	18 577	9,1	21 869	9,3	26 264	10,3
9	Nürnberg	5 230	2,7	5 006	2,5	6 665	2,9	7 778	3,0
10	Stuttgart	17 885	9,4	19 289	9,4	20 548	8,8	23 758	9,3
11	Insgesamt	190 406	100,0	204 248	100,0	234 083	100,0	255 814	100,0

Lfd. Nr.	Flughafen	Nicht-gewerbl. Verkehr							
		1955		1956		1957		1958	
		abs.	[%]	abs.	[%]	abs.	[%]	abs.	[%]
1	Berlin	12	0,1	0	0,0	0	0,0	0	0,0
2	Bremen	398	3,6	32 206	27,6	66 902	39,3	79 727	36,7
3	Düsseldorf	1 930	17,4	13 635	11,7	15 659	9,2	10 174	4,7
4	Frankfurt	863	7,8	3 579	3,1	217	0,1	9 145	4,2
5	Hamburg	1 039	9,4	7 606	6,5	19 787	11,6	20 603	9,5
6	Hannover	628	5,7	3 410	2,9	954	0,6	14 899	6,9
7	Köln/Bonn	116	1,0	301	0,3	700	0,4	6 381	2,9
8	München	1 448	13,1	16 109	13,8	1 248	0,7	17 706	8,2
9	Nürnberg	1 001	9,1	16 789	14,4	28 425	16,7	25 484	11,7
10	Stuttgart	3 630	32,8	23 077	19,8	36 545	21,4	32 738	15,1
11	Insgesamt	11 065	100,0	116 712	100,0	170 437	100,0	216 857	100,0

Lfd. Nr.	Flughafen	Gesamtverkehr							
		1955		1956		1957		1958	
		abs.	[%]	abs.	[%]	abs.	[%]	abs.	[%]
1	Berlin	28 895	14,3	30 432	9,5	29 474	7,3	30 045	6,4
2	Bremen	5 902	2,9	37 351	11,6	75 604	18,7	87 254	18,5
3	Düsseldorf	26 164	13,0	42 956	13,4	50 028	12,4	48 377	10,2
4	Frankfurt	40 555	20,2	50 310	15,7	50 574	12,5	69 762	14,8
5	Hamburg	33 488	16,6	35 817	11,2	49 945	12,3	49 242	10,4
6	Hannover	18 359	9,1	20 846	6,5	25 029	6,2	35 812	7,6
7	Köln/Bonn	3 215	1,6	4 401	1,4	8 566	2,1	18 451	3,9
8	München	17 147	8,5	34 686	10,8	23 117	5,7	43 970	9,3
9	Nürnberg	6 231	3,1	21 795	6,8	35 090	8,7	33 262	7,0
10	Stuttgart	21 515	10,7	42 366	13,2	57 093	14,1	56 496	11,9
11	Insgesamt	201 471	100,0	320 960	100,0	404 520	100,0	472 671	100,0

Quelle: ADV-Leistungen der deutschen Verkehrsflughäfen

Tabelle 76

Die Entwicklung des Verkehrs der deutschen Flughäfen in den Jahren 1937, 1950 - 1958

Lfd. Nr.	Flughafen	Jahr	Flugzeug-[1] bewegungen 1000	Verkehrsmengen[1]		
				Fluggäste 1000	Fracht 1000 t	Post 1000 t
	1	2	3	4	5	6
1	Berlin	1937	24,1	191,7	3,1	2,0
		1950	9,4	200,5	3,9	1,4
		1951	17,6	320,1	20,6	1,7
		1952	25,6	477,8	30,6	2,0
		1953	42,9	825,0	51,6	2,2
		1954	30,1	671,5	39,7	2,4
		1955	28,9	836,1	34,5	2,5
		1956	30,4	995,3	27,1	2,7
		1957	29,5	1 003,1	17,9	2,8
		1958	30,0	1 130,8	8,0	2,9
2	Frankfurt	1937	14,2	60,4	0,78	1,1
		1950	13,1	195,3	3,65	1,6
		1951	21,5	260,8	14,49	2,2
		1952	25,6	346,0	10,82	2,6
		1953	26,7	438,2	8,85	3,0
		1954	31,7	483,6	8,32	3,9
		1955	40,6	673,3	10,50	5,0
		1956	50,3	807,9	11,46	5,2
		1957	50,6	969,4	11,26	5,5
		1958	69,8	1 212,5	16,63	6,3
3	Hamburg	1937	10,0	49,0	0,56	0,14
		1950	11,6	110,3	2,95	0,62
		1951	15,7	177,6	8,90	0,74
		1952	24,3	217,5	24,38	0,90
		1953	40,5	322,2	47,42	0,95
		1954	32,8	309,9	33,59	1,13
		1955	33,5	407,6	13,82	1,26
		1956	35,8	486,3	12,17	1,24
		1957	49,9	565,6	8,91	1,34
		1958	49,2	610,4	6,50	1,39
4	Hannover	1937	8,6	13,9	0,33	1,21
		1950	0,9	10,6	0,19	0,17
		1951	3,4	45,7	0,77	0,38
		1952	7,3	119,4	1,78	0,54
		1953	16,8	327,2	3,47	0,95
		1954	14,6	214,2	7,87	0,97
		1955	18,4	263,1	22,25	0,67
		1956	20,8	343,2	17,09	0,55
		1957	25,0	361,3	11,40	0,65
		1958	35,8	405,4	4,23	0,77

Tabelle 76
(Fortsetzung)

Lfd. Nr.	Flughafen	Jahr	Flugzeug-[1]) bewegungen 1000	Verkehrsmengen[1])		
				Fluggäste 1000	Fracht 1000 t	Post 1000 t
	1	2	3	4	5	6
5	Düsseldorf	1937	4,2	15,5	0,12	0,04
		1950	6,2	55,4	0,60	0,28
		1951	10,5	98,9	1,85	0,52
		1952	12,1	104,0	1,23	0,54
		1953	17,2	147,6	1,75	0,64
		1954	22,7	197,6	2,76	0,72
		1955	26,2	278,2	3,55	1,03
		1956	43,0	386,0	4,68	1,52
		1957	50,0	486,4	5,28	1,54
		1958	48,4	555,0	6,06	1,42
6	München	1937	6,8	46,1	0,66	0,57
		1950	5,3	53,0	0,83	0,11
		1951	8,2	87,5	1,56	0,23
		1952	6,1	93,2	1,16	0,28
		1953	9,4	120,6	1,19	0,20
		1954	13,5	144,6	1,35	0,30
		1955	17,1	224,9	1,87	0,44
		1956	34,7	289,6	2,19	0,46
		1957	23,1	346,1	2,54	0,52
		1958	44,0	419,9	2,86	0,59
7	Stuttgart	1937	6,4	27,3	0,48	0,24
		1950	3,2	16,8	0,53	0,05
		1951	4,9	30,5	1,00	0,08
		1952	5,8	28,2	0,68	0,13
		1953	9,4	43,5	0,92	0,13
		1954	11,2	53,1	1,37	0,16
		1955	21,5	79,3	1,59	0,21
		1956	42,4	123,5	2,02	0,24
		1957	57,1	149,9	2,23	0,31
		1958	56,5	182,4	2,47	0,35
8	Nürnberg	1937	7,4	17,0	0,17	0,22
		1950	1,5	6,9	0,16	0,03
		1951	2,5	16,3	0,34	0,03
		1952	2,0	19,8	0,63	0,03
		1953	2,6	28,3	0,70	0,03
		1954	4,5	31,4	0,96	0,05
		1955	6,2	40,9	1,01	0,08
		1956	21,8	43,6	1,12	0,08
		1957	35,0	39,9	1,11	0,12
		1958	33,3	58,4	1,29	0,17

Tabelle 76
(Fortsetzung)

Lfd. Nr.	Flughafen	Jahr	Flugzeug-bewegungen 1000 [1]	Verkehrsmengen [1]		
				Fluggäste 1000	Fracht 1000 t	Post 1000 t
1	2	3	4	5	6	
9	Köln-Bonn	1937	12,8	44,8	1,05	1,23
		1950	-	-	-	-
		1951	1,6	14,1	0,15	0,06
		1952	1,8	20,2	0,25	0,09
		1953	2,2	23,7	0,35	0,09
		1954	2,5	32,5	0,30	0,12
		1955	3,2	46,1	0,40	0,15
		1956	4,4	62,6	0,51	0,16
		1957	8,6	94,2	0,86	0,24
		1958	18,5	136,8	1,25	0,36
10	Bremen	1937	2,0	8,8	0,07	0,02
		1950	1,1	5,3	0,17	0,01
		1951	2,2	10,9	1,06	0,02
		1952	2,6	9,7	0,62	0,03
		1953	3,9	13,3	0,28	0,03
		1954	3,9	9,7	0,26	0,03
		1955	5,9	14,9	0,33	0,03
		1956	37,4	21,5	0,36	0,03
		1957	75,6	39,1	0,43	0,06
		1958	87,3	35,9	0,50	0,06
11	Bundes-republik Deutschland insgesamt:	1937	96,7	474,5	7,3	6,8
		1950	52,3	654,1	13,0	4,3
		1951	88,1	1 062,5	50,7	6,0
		1952	114,0	1 435,9	72,2	7,2
		1953	171,2	2 289,3	116,5	8,3
		1954	167,6	2 148,2	96,5	9,8
		1955	201,5	2 864,4	89,9	11,3
		1956	321,0	3 559,5	78,7	12,1
		1957	404,5	4 055,1	61,9	13,0
		1958	472,7	4 747,6	49,8	14,3

[1] Erläuterungen: Die Flugzeugbewegungen wurden durch Verdoppelung der Startzahlen ermittelt. Erfaßt wurde neben dem gewerblichen Verkehr auch der nicht-gewerbliche. Die Zahlen verstehen sich ohne Transitverkehr.

Quelle: Berichte der Arbeitsgemeinschaft Deutscher Verkehrsflughäfen.

Tabelle 77

Die Entwicklung des Verkehrs wichtiger europäischer Flughäfen in den Jahren 1935, 1951 - 1958

Lfd. Nr.	Flughafen	Jahr	Flugzeug-[1] bewegungen 1000	Verkehrsmengen[1]	
				Fluggäste 1000	Fracht 1000 t
1	2	3		4	5
1	Amsterdam	1935	12,8	50,4	1,5
		1950	23,8	326,9	.
		1951	27,9	475,0	12,9
		1953	30,1	569,2	15,6
		1954	32,1	616,7	19,9
		1955	34,3	742,0	22,1
		1956	37,6	843,8	25,2
		1957	39,3	961,1	27,7
		1958	40,6	972,5	28,4
2	Brüssel	1935	11,1	36,6	.
		1950	18,5	233,7	.
		1951	20,3	286,2	5,7
		1952	23,8	315,2	6,0
		1953	25,2	394,8	7,2
		1954	27,4	395,1	7,7
		1955	30,6	465,4	9,2
		1956	31,5	532,0	10,9
		1957	38,5	649,5	12,8
		1958	52,8	1 096,0	15,5
3	Dublin	1953	17,9	304,1	4,7
		1954	18,0	342,5	5,9
		1955	18,1	391,6	6,2
		1956	19,8	457,9	6,6
		1957	21,0	495,5	6,6
		1958	22,6	562,8	7,7
4	Genf	1950	12,9	196,4	.
		1951	12,3	243,9	2,5
		1952	13,1	273,9	2,4
		1953	15,3	359,3	2,9
		1954	17,0	398,2	2,9
		1955	18,6	468,3	3,3
		1956	21,1	559,0	3,6
		1957	27,7	674,3	3,6
		1958	26,3	723,1	4,7

Tabelle 77
(Fortsetzung)

Lfd. Nr.	Flughafen	Jahr	Flugzeug-[1]) bewegungen 1000	Verkehrsmengen[1]) Fluggäste 1000	Fracht 1000 t
	1	2	3	4	5
5	Kopenhagen	1935	8,7	25,0	0,4
		1951	24,9	423,9	5,9
		1952	29,7	523,0	7,4
		1953	29,2	612,4	8,1
		1954	31,2	663,9	7,7
		1955	34,1	801,0	8,8
		1956	39,8	1 006,6	10,4
		1957	47,3	1 237,6	12,0
		1958	57,0	1 394,2	15,5
6	London Airport	1935[2])	24,0	138,1	4,2
		1951	34,9	766,4	13,1
		1952	35,7	838,7	13,9
		1953[2])	45,5	1 184,3	15,6
		1954[2])	85,5	2 242,6	27,3
		1955	96,3	2 712,6	34,4
		1956	109,0	3 094,3	40,4
		1957	116,1	3 569,2	45,4
		1958	117,3	3 611,8	50,3
7	London Northolt	1951	43,7	739,9	7,4
		1952	44,2	767,0	7,5
		1953	36,8	720,2	6,8
8	Marseille	1935	6,9	11,4	0,1
		1947	26,3	99,1	2,5
		1950	21,6	172,1	4,6
		1951	28,6	216,2	4,3
		1952	30,6	229,3	5,5
		1953[1])	23,0	274,0	5,8
		1954[1])	14,5	533,8	6,0
		1955	15,4	653,9	6,2
		1956	17,7	782,9	6,8
		1957	19,9	860,6	6,1
		1958	20,2	886,1	7,1
9	Nizza	1947	24,2	62,5	1,4
		1950	25,5	126,1	1,7
		1951	23,5	178,3	1,7
		1952	27,7	174,7	1,7
		1953[1])	21,4	189,0	1,2
		1954[1])	16,8	442,6	1,1
		1955	15,4	450,9	1,3
		1956	17,9	540,8	1,8
		1957	18,8	598,0	2,1
		1958	20,4	658,6	2,6

Tabelle 77
(Fortsetzung)

Lfd. Nr.	Flughafen	Jahr	Flugzeug-[1] bewegungen 1000	Verkehrsmengen[1] Fluggäste 1000	Fracht 1000 t
	1	2	3	4	5
10	Oslo	1952	6,3	102,9	1,2
		1953	7,9	133,3	1,1
		1954	9,7	183,6	1,2
		1955	12,8	254,0	1,8
		1956	16,8	357,6	2,0
		1957	17,9	418,9	2,1
		1958	18,9	459,4	2,5
11	Paris Le Bourget	1935[3]	16,3	91,0	2,0
		1947	40,5	285,9	5,6
		1950	40,2	491,8	5,8
		1951	41,5	578,4	10,5
		1952	41,2	565,5	11,8
		1953	39,2	598,1	10,5
		1954	38,4	569,0	9,4
12	Paris Orly	1947	11,7	90,0	1,7
		1950	23,2	307,0	9,8
		1951	33,1	441,5	13,1
		1952	39,8	549,8	13,3
		1953	41,8	664,2	12,7
		1954[3]	48,5	1 179,0	19,5
		1955[3]	60,2	1 810,1	28,5
		1956	73,5	2 254,1	38,0
		1957	76,3	2 514,5	37,5
		1958	83,2	2 621,8	40,1
13	Rom[4]	1935	4,0	29,6	0,4
		1950	27,8	540,0	.
		1951	27,1	591,6	3,5
		1952	29,4	676,3	3,5
		1953	30,7	813,7	4,2
		1954	32,7	1 021,5	6,5
		1955	44,4	1 243,3	7,4
		1956	49,0	1 417,1	8,9
		1957	51,9	1 554,0	9,1
		1958	.	.	.
14	Stockholm	1935	3,5	15,9	0,2
		1951	14,4	268,4	3,2
		1952	16,8	293,5	3,5
		1953	15,0	313,6	3,8
		1954	16,1	353,2	4,2
		1955	19,4	437,8	4,9
		1956	23,0	527,0	5,7
		1957	39,2	712,3	11,0
		1958	44,2	831,4	12,5

Tabelle 77
(Fortsetzung)

Lfd. Nr.	Flughafen	Jahr	Flugzeug-[1] bewegungen 1000	Verkehrsmengen[1]	
				Fluggäste 1000	Fracht 1000 t
	1	2	3	4	5
15	Zürich	1935	4,9	14,2	0,1
		1950	15,4	222,2	.
		1951	19,7	326,2	3,6
		1952	24,7	362,0	4,0
		1953	28,2	487,8	4,6
		1954	27,2	583,1	5,1
		1955	31,2	689,1	6,8
		1956	35,0	818,5	8,5
		1957	42,5	1 002,0	9,8
		1958	45,1	1 091,5	10,4

Erläuterungen:
1) Die Flugzeugbewegungen wurden durch Verdoppelung der Startzahlen ermittelt. Erfaßt wurde nur der gewerbliche Verkehr. Die Fluggastzahlen setzen sich zusammen aus Ankunft, Abflug und zweifach gezählten Transit; für 1947 bis 1953 verstehen sich die Fluggastzahlen für Paris, London, Marseille und Nizza ohne Transitverkehr. Transitfracht ist ausgeschlossen.

2) Gesamtverkehr von London.

3) Orly und Le Bourget.

4) 1935 Flughäfen Littorio und Lido,
   1950 - 1953 Flughafen Ciampino.

Quellen: 1935: Pirath, Flughäfen, 1937
1947-1953: IFTA, Note Documentaire, Jahrg. 1952/1953/1954
IFTA-Bulletin 21.3.1955
Interavia Luftpost 19.4.1955
Für 1954 und 1955 : ITA-Bulletin Nr. 16,237/ND/16.4.1956
Aéroport de Paris, Analyse du Trafic Cimulé,
Für 1956 bis 1958 : Grande Aéroports de l'Quest d l'Europe.

Tabelle 78

Die Entwicklung des Fluggastaufkommens der Flughäfen der Bundesrepublik Deutschland und Berlin im Auslandverkehr in den Jahren 1951 - 1958

(Abflüge)

Lfd. Nr.	Flughafen	1951	1952	1953	1954	1955	1956	1957	1958
0	1	2	3	4	5	6	7	8	9
1	Berlin	3 033	4 124	3 220	3 903	5 814	9 748	12 229	14 345
2	Bremen	2 468	2 687	2 119	2 756	4 416	8 636	10 503	8 353
3	Düsseldorf	21 084	26 114	35 443	55 104	78 845	112 806	144 599	163 984
4	Frankfurt	46 869	74 651	95 050	122 032	186 156	211 104	262 980	330 944
5	Hamburg	29 278	35 479	46 459	63 288	86 107	107 357	121 901	125 528
6	Hannover	335	3 268	4 911	4 788	7 135	8 963	15 293	13 978
7	Köln-Bonn	2 629	4 201	5 246	5 296	5 998	6 579	14 189	22 414
8	München	18 667	22 730	26 933	32 880	50 569	82 004	88 004	102 888
9	Nürnberg	1 261	1 233	1 934	2 811	4 894	5 427	4 466	5 494
10	Stuttgart	2 992	4 052	6 133	9 142	12 544	21 815	26 258	34 469
11	Gesamt:	128 616	178 539	227 448	302 000	442 478	577 574[1]	705 455[1]	829 538[1]

[1] Einschließlich Landeplätze, die mit Start oder Landung in unmittelbarer Beziehung zu einem Verkehrsflughafen stehen, wie z.B. Hubschrauberlandeplätze (Köln/Stadt, Bonn/Stadt, Duisburg, Dortmund).

Quelle: Statistisches Jahrbuch der Bundesrepublik Deutschland, Jahrg. 1953/54
Statistische Berichte des Statistischen Bundesamtes, Wiesbaden, Arb.-Nr. V/27
Berichte der Arbeitsgemeinschaft Deutscher Verkehrsflughäfen

Tabelle 79

Die Entwicklung des Frachtaufkommens der Flughäfen der Bundesrepublik Deutschland und Berlins im Auslandverkehr in den Jahren 1951 - 1958

(Abflüge)

Lfd. Nr.	Flughafen	1951 t	1952 t	1953 t	1954 t	1955 t	1956 t	1957 t	1958 t
0	1	2	3	4	5	6	7	8	9
1	Berlin	251,2	112,9	122,0	74,9	101,8	120,8	126,5	111,0
2	Bremen	10,9	17,7	31,7	76,3	102,8	122,5	156,1	169,1
3	Düsseldorf	293,5	444,4	643,7	1 119,6	1 397,5	1 795,5	2 372,8	2 545,9
4	Frankfurt	1 426,5	2 532,9	2 978,7	3 673,7	4 829,4	5 051,3	4 623,7	6 817,4
5	Hamburg	589,3	822,8	1 064,3	1 329,8	1 480,3	1 724,7	1 854,5	1 847,4
6	Hannover	27,8	76,5	161,6	174,3	169,9	240,3	413,5	410,2
7	Köln-Bonn	34,0	67,2	91,8	100,5	94,3	175,8	327,3	557,5
8	München	375,6	357,0	345,7	543,7	663,7	803,2	943,7	1 202,3
9	Nürnberg	59,1	70,9	114,6	220,2	298,8	333,8	269,9	328,8
10	Stuttgart	164,1	234,4	296,5	640,1	763,9	914,9	1 192,1	1 351,7
11	Gesamt:	3 232,0	4 736,7	5 850,6	7 953,1	9 902,4	11 290,2[1]	12 289,6[1]	15 352,8[1]

1) Einschließlich Landeplätze, die mit Start oder Landung in unmittelbarer Beziehung zu einem Verkehrsflughafen stehen, wie z.B. Hubschrauberlandeplätze (Köln/Stadt, Bonn/Stadt, Duisburg, Dortmund).

Quellen: Statistisches Jahrbuch der Bundesrepublik Deutschland, Jahrg. 1953/54
Statistische Berichte des Statistischen Bundesamtes, Wiesbaden, Arb.-Nr. V/27
Berichte der Arbeitsgemeinschaft Deutscher Verkehrsflughäfen

Tabelle 80

Die Entwicklung des Postaufkommens der Flughäfen der Bundesrepublik
Deutschland und Berlins im Auslandsverkehr in den Jahren 1951 – 1958

(Abflüge)

Lfd. Nr.	Flughafen	1951 [t]	1952 [t]	1953 [t]	1954 [t]	1955 [t]	1956 [t]	1957 [t]	1958 [t]
0	1	2	3	4	5	6	7	8	9
1	Berlin	7,1	14,7	14,5	15,5	14,4	9,7	12,9	15,9
2	Bremen	2,1	5,2	8,7	9,2	7,2	9,2	7,7	7,9
3	Düsseldorf	19,8	50,7	82,0	132,8	262,4	407,0	442,8	380,9
4	Frankfurt	339,7	584,7	804,9	1 041,1	1 730,9	1 752,2	1 815,4	2 140,2
5	Hamburg	133,2	207,9	260,0	294,2	331,6	345,3	366,0	391,0
6	Hannover	125,7	31,0	137,4	141,0	73,4	8,8	23,2	15,1
7	Köln-Bonn	0,7	8,1	15,6	19,6	19,5	22,4	29,2	32,1
8	München	29,0	42,9	41,1	49,6	69,9	105,2	133,6	142,0
9	Nürnberg	0,3	0,1	0,9	1,7	6,1	7,2	7,0	14,3
10	Stuttgart	6,5	8,2	9,5	14,3	14,9	24,9	32,0	29,9
11	Gesamt:	664,1	1 053,5	1 374,6	1 719,0	2 530,3	2 692,9[1]	2 869,9[1]	3 170,3[1]

[1] Einschließlich Landeplätze, die mit Start oder Landung in unmittelbarer Beziehung zu einem Verkehrsflughafen stehen, wie z.B. Hubschauüberlandeplätze (Köln/Stadt, Bonn/Stadt, Duisburg, Dortmund

Quellen: Statistisches Jahrbuch der Bundesrepublik Deutschland, Jahrg. 1953/54
Statistische Berichte des Statistischen Bundesamtes, Wiesbaden, Arb.-Nr. V/27
Berichte der Arbeitsgemeinschaft Deutscher Verkehrsflughäfen.

Tabelle 81

Höchst- und Tiefststand an Flugzeugbewegungen im gewerblichen Luftverkehr der deutschen Flughäfen für das Jahr 1958 mit den Vergleichswerten der Vorjahre

Lfd. Nr.	Flughafen	1958 Höchststand Monat	1958 Höchststand % v.J.D.	1958 Tiefststand Monat	1958 Tiefststand % v.J.D.	1957 Höchststand Monat	1957 Höchststand % v.J.D.	1957 Tiefststand Monat	1957 Tiefststand % v.J.D.	1956 Höchststand Monat	1956 Höchststand % v.J.D.	1956 Tiefststand Monat	1956 Tiefststand % v.J.D.	1955 Höchststand Monat	1955 Höchststand % v.J.D.	1955 Tiefststand Monat	1955 Tiefststand % v.J.D.
1	Berlin	Aug.	119	Febr.	77	Juli	112	Dez.	83	Juli	115	Febr.	86	Aug.	111	Febr.	89
2	Bremen	Aug.	129	Febr.	70	Juni	187	Febr.	49	Juli	134	Dez.	49	Juli	187	Jan.	60
3	Düsseldorf	Aug.	128	Febr.	71	Aug.	132	Febr.	69	Aug.	132	Febr.	73	Sept.	131	Febr.	66
4	Frankfurt	Aug.	126	Febr.	68	Aug.	125	Febr.	74	Juli	118	Febr.	82	Sept.	117	Febr.	72
5	Hamburg	Aug.	116	Nov.	78	Aug.	123	Febr.	73	Juli	142	Dez.	72	Aug.	126	Dez.	71
6	Hannover	Mai	148	Nov.	60	Mai	151	Febr.	67	Mai	132	Febr.	75	Aug.	117	Febr.	75
7	Köln/Bonn	Aug.	121	Dez.	85	Okt.	141	Febr.	59	Okt.	122	Febr.	87	Okt.	126	Jan.	50
8	München	Aug.	144	Febr.	66	Juni	133	Febr.	62	Sept.	143	Jan.	65	Aug.	135	Febr.	69
9	Nürnberg	Mai	136	April	74	Sept.	129	Jan.	59	Aug.	134	Jan.	57	Aug.	168	Dez.	43
10	Stuttgart	Aug.	146	Febr.	51	Aug.	159	Febr.	59	Mai	146	Febr.	54	Aug.	126	Jan.	48
11	Insgesamt	Aug.	128	Febr.	71	Aug.	126	Febr.	70	Juli	125	Febr.	76	Aug.	122	Febr.	79

Quelle: ADV-Jahresstatistik

Tabelle 82

Beteiligung des Bundes an Verkehrsflughäfen in den Jahren 1954 bis 1959

Lfd. Nr.	Flughafen	Anteil des Bundes an dem Grundkapital											
		Stand vom 31.3.1954		Stand vom 31.3.1955		Stand vom 31.3.1956		Stand vom 31.3.1957		Stand vom 31.3.1958		Stand vom 31.3.1959	
		Nennwert in 1 000 DM	%	Nennwert in 1 000 DM	%	Nennwert in 1 000 DM	%	Nennwert in 1 000 DM	%	Nennwert in 1 000 DM	%	Nennwert in 1 000 DM	%
1	1	2		3		4		5		6		7	
1	Flughafen Hannover-Langenhagen G.m.b.H.	1 000	33,3	1 000	33,3	1 000	33,3	1 000	33,3	1 000	33,3	1 000	33,3
2	Flughafen Nürnberg G.m.b.H.	900	30,0	900	30,0	900	30,0	900	30,0	900	30,0	900	30,0
3	Berliner Flughafen G.m.b.H.	1 133	47,8	1 133	47,8	1 133	47,8	1 133	47,8	1 133	47,8	1 133	47,8
4	Flughafen Stuttgart G.m.b.H.	1 344	28,0	1 344	28,0	1 344	28,0	1 344	28,0	1 344	28,0	1 344	28,0
5	Flughafen A.G. Frankfurt/Main	3 104	25,9	6 254	25,9	6 254	25,9	6 254	25,9	6 254	25,9	6 254	25,9
6	Köln-Bonner Flughafen Wahn G.m.b.H.	100	28,5	200	30,7	200	30,7	200	30,7	200	30,7	200	30,7

Quelle: Auskunftserteilung Bundesverkehrsministerium

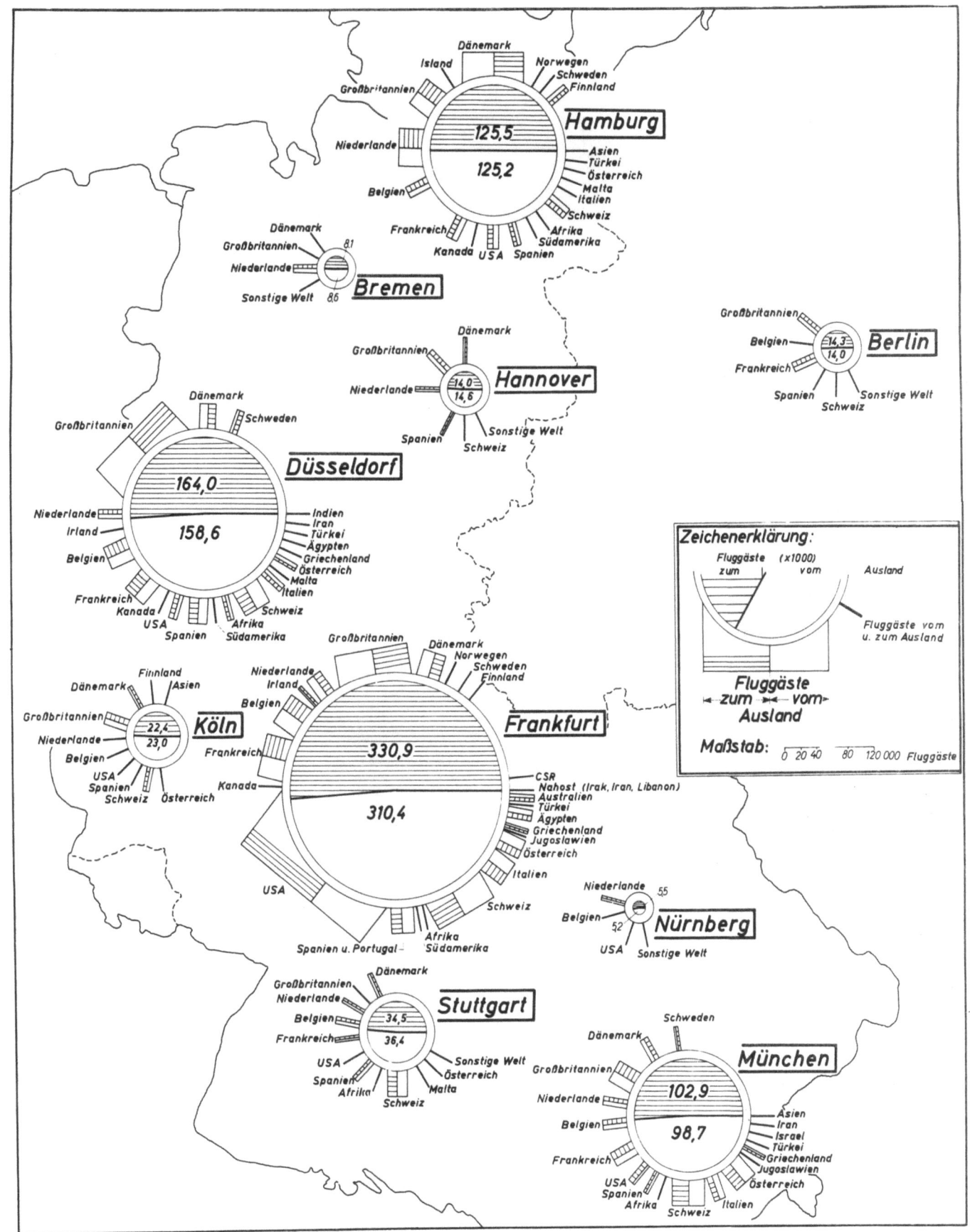

Abbildung 7

Grenzüberschreitender Fluggastverkehr der deutschen Verkehrsflughäfen im Jahre 1958

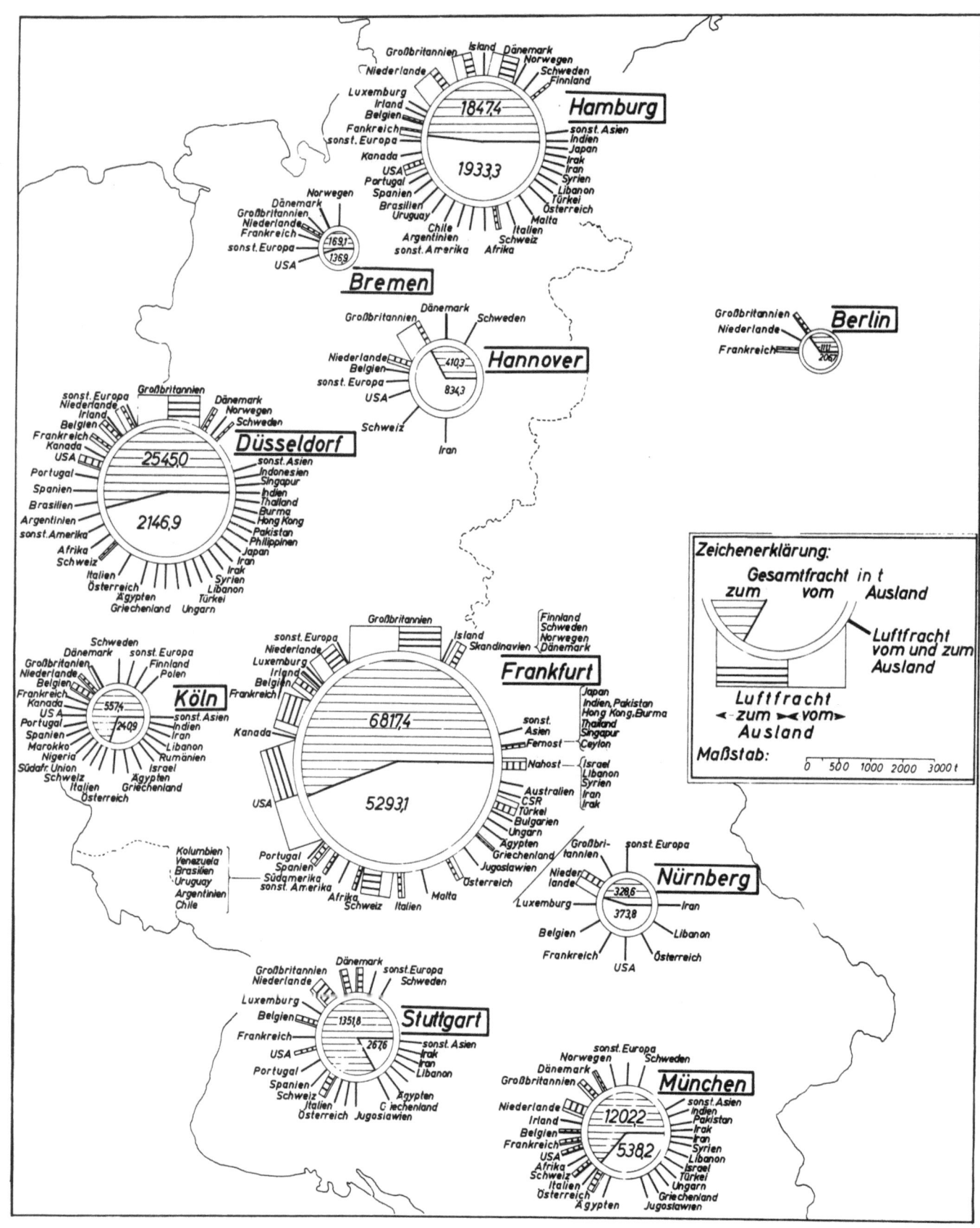

Abbildung 8

Grenzüberschreitender Frachtverkehr der deutschen Verkehrsflughäfen im Jahre 1958

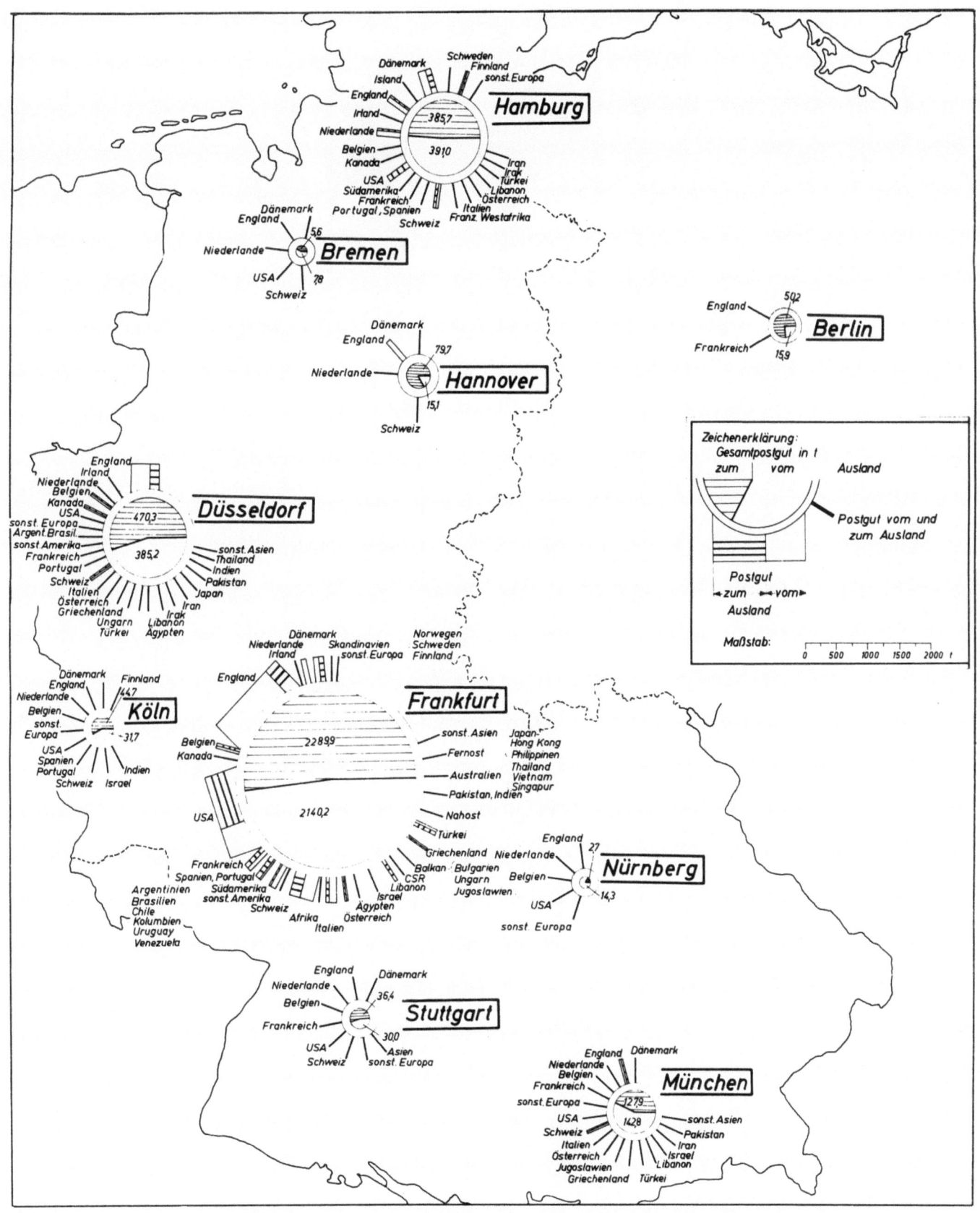

Abbildung 9

Grenzüberschreitender Postverkehr der deutschen Verkehrsflughäfen im Jahre 1958

6.

Die Stellung der Luftfahrt

in der

Gesamtwirtschaft

(Tab. 83 - Tab. 85)

Tabelle 83

Luftfahrtproduktion der USA, Frankreichs und Kanadas
in Mio $ in den Jahren 1952-1958

Jahr	Luftfahrtproduktion in Mio $		
	USA[1)	Frankreich[2)	Kanada
1	2	3	4
1952	6 497	236,0	.
1953	8 511	232,4	410,9
1954	8 305	275,4	356,4
1955	8 470	332,8	364,9
1956	9 496	267,7	360,2
1957	11 765	381,0	440,2[3)
1958	11 470	.	479,2

1) Für das Jahr 1958 liegen noch keine endgültigen Angaben vor.
2) Für das Jahr 1958 liegen noch keine Angaben vor.
3) Enthält ab 1957 den Umsatz der Wartungs- und Überholungswerkstätten.

Quelle: USA: Aircraft Industries Association of America, Aviation Facts and Figures, 1958

       Frankreich: Union Syndicale des Industries Aéronautiques

       Kanada: Auskunftserteilung Air Industries & Transport Association of Canada

Tabelle 84

Export verschiedener Länder an Flugzeugen und Ersatzteilen in Mio $
1944 - 1958

Jahr	USA	Groß-britannien	Kanada	Frank-reich	Nieder-lande
1	2	3	4	5	6
Im Kriege					
1944	.	.	.	65,6	.
1945	1 205	11,5	98,4	0,2	.
Nach dem Kriege					
1946	115	58,9	9,1	1,1	0,3
1947	176	100,6	5,9	2,7	3,5
1948	157	104,0	11,3	1,2	3,2
1949	283	125,2	24,3	0,8	6,6
1950	242	95,2	4,0	1,0	6,1
1951	301	116,5	7,1	2,0	4,2
1952	603	121,6	35,6	6,0	7,2
1953	880	182,0	41,5	12,0	13,5
1954	619	156,9	29,3	16,9	11,4
1955	728	185,3	20,6	14,8	5,6
1956	1 065	292,0	50,3	20,0	8,5
1957	1 029	326,1	39,9	.	15,1
1958	.	431,5	109,3	.	22,3

Quelle: USA: Aircraft Industries Association of America, Aviation Facts and Figures 1958

Großbritannien: Auskunftserteilung der SBAC

Kanada: Auskunftserteilung Air Industries & Transport Association of Canada

Frankreich: Union Syndicale des Industries Aéronautique

Niederlande: Auskunftserteilung Central Bureau voor de Statistiek

Tabelle 85

Ausgaben der USA für Aufgaben der Entwicklung und der Forschung 1951 bis 1958

Lfd. Nr.		Ausgaben in Mio $						
		1951	1952	1953	1954	1955	1956	1957	1958
		1	2	3	4	5	6	7	8
1	Staatsetat	44 058	65 410	74 274	67 772	64 570	66 540	69 344	72 788
2	davon Forschung insgesamt	1 342	1 839	2 119	2 103	2 085	2 538	3 027	3 427
3	Flugzeuge[1]	297,9	523,0	618,4	269,8	293,6	352,2	272,9	272,5
4	Raketen[1]				231,4	214,0	280,4	355,8	379,8
5	für NACA[2]	61,6	67,4	78,6	89,5	73,8	71,1	76,0	94,0
6	für Atom- energie	243,0	250,0	261,8	274,3	289,8	385,1	512,2	655,5
7	für sonstige	739,5	998,6	1 160,2	1 238,0	1 213,8	1 449,2	1 810,1	2 025,2

1) Ausgaben des Verteidigungsministeriums: bis 1953 gesamte Forschung und Entwicklung der Luftwaffe
2) National Advisory Committee for Aeronautica, NACA

Quelle: Aviation Facts and Figures, 1958 Edition

7.

Der Sportluftverkehr

(Tab. 86 - Tab. 89)

Tabelle 86

Flugstunden im Sportluftverkehr mit Motorflugzeugen in den Jahren 1951 - 1958

Lfd. Nr.	Land	1951	1952	1953	1954	1955	1956	1957	1958
1	2	2	3	4	5	6	7	8	9
1	Ägypten	-	-	-	1 659	3 392	4 556	5 162	-
2	Argentinien	74 845	118 000	-	-	-	-	-	-
3	Australien	40 175	42 510	-	-	-	-	250 950	226 650
4	Belgien	7 000	7 300	7 800	8 000	6 000	6 700	7 000	8 300
5	Bulgarien	-	-	-	-	-	-	-	200
6	Bundesrepublik Deutschland	-	-	55 870	69 481	9 000	28 152	62 375	79 095
7	Chile	-	-	-	-	60 962	49 277	46 311	41 258
8	Dänemark	4 582	4 810	3 992	4 507	4 017	3 300	3 200	3 320
9	Finnland	820	1 000	2 270	1 800	1 955	2 080	3 100	3 420
10	Frankreich	107 071	135 104	138 825	146 226	175 000	201 000	250 480	229 545
11	Großbritannien	45 000	41 000	62 935	70 293	74 000	90 000	105 000	103 000
12	Indien	30 005	25 086	16 690	15 161	18 592	22 477	25 547	26 804
13	Israel	1 763	3 333	1 908	2 226	-	1 860	2 740	1 000
14	Italien	17 254	23 048	25 355	20 840	25 678	29 905	39 996	48 370
15	Jugoslawien	-	12 000	12 660	7 761	9 332	7 363	8 367	9 903
16	Kanada	-	-	77 820	75 573	82 008	90 028	112 322	110 290
17	Luxemburg	607	550	-	634	1 012	1 101	818	1 275
18	Mexiko	-	-	-	-	-	3 350	6 500	7 150
19	Niederlande	2 950	3 300	3 650	3 500	6 500	7 000	7 076	7 500
20	Nordkorea	-	-	-	-	-	-	414	1 238
21	Norwegen	-	-	-	-	-	3 300	4 200	4 900
22	Schweden	14 402	16 453	16 392	15 803	22 003	25 656	29 187	37 000
23	Schweiz	24 265	21 688	22 811	27 213	34 545	172 454	171 690	213 947
24	Spanien	9 984	9 903	9 016	9 988	12 476	15 104	16 559	20 504
25	Türkei	5 313	3 891	3 581	3 171	1 395	3 894	2 713	6 110
26	Ungarn	-	-	-	-	-	-	8 073	7 755
27	USA	10 500 000	8 613 000	8 772 000	8 527 000	8 963 000	9 500 000	10 938 000	11 500 000

Quelle: Bulletin de la Fédération Aéronautique Internationale, No. 92-98

Tabelle 87

Flugstunden im Sportluftverkehr mit Segelflugzeugen
in den Jahren 1951 - 1958

Lfd. Nr.	Land	1951	1952	1953	1954	1955	1956	1957	1958
	1	2	3	4	5	6	7	8	9
1	Ägypten	-	-	-	-	-	-	2 000	-
2	Australien	-	700	-	1 572	1 704	1 234	3 756	4 616
3	Belgien	1 565	1 450	2 020	2 220	1 307	1 100	2 160	3 150
4	Bulgarien	-	-	-	-	-	-	-	800
5	Bundesrepublik Deutschland	-	8 926	26 543	40 000	40 000	48 900	82 250	96 043
6	Chile	-	-	60	150	150	-	-	281
7	Dänemark	1 306	1 205	1 296	1 067	1 247	1 636	2 175	1 867
8	Finnland	1 000	850	1 160	1 410	1 927	2 023	2 662	3 657
9	Frankreich 1)	54 299	80 312	80 730	86 112	90 700	76 000	79 246	72 122
10	Griechenland	2	17	17	60	75	103	264	212
11	Großbritannien	7 736	8 577	8 002	11 451	14 770	15 826	20 344	21 536
12	Indien	290	188	454	339	476	1 000	1 430	5 980
13	Israel	131	148	232	316	-	400	460	250
14	Italien	-	-	-	-	3 980	5 768	6 600	7 772
15	Japan	-	-	-	-	-	-	1 217	-
16	Jugoslawien	-	5 033	7 231	7 457	8 085	8 802	12 088	12 535
17	Kanada	-	-	1 443	1 449	1 500	-	-	-
18	Luxemburg	-	-	-	-	-	6	44	29
19	Niederlande	2 550	3 000	3 860	4 190	7 237	8 324	10 397	9 421
20	Nordkorea	-	-	-	-	-	-	169	357
21	Norwegen	-	-	-	-	-	700	1 200	1 500
22	Polen	-	-	-	-	-	30 000	31 600	41 000
23	Schweden	3 585	3 898	4 904	5 311	6 568	6 838	7 610	8 110
24	Schweiz	3 893	4 085	4 383	5 759	6 573	6 948	9 783	12 217
25	Spanien 2)	2 452	3 005	2 956	3 359	3 631	190	327	1 596
26	Türkei	1 297	1 140	3 548	3 200	4 800	4 945	425	365
27	Ungarn	-	-	-	-	-	-	17 607	18 392
28	USA	5 500	5 500	5 365	5 800	6 360	8 195	4 687	18 590

1) Anzahl der Flüge
2) Bis 1956 Anzahl der Flüge

Quelle: Bulletin de la Fédération Aéronautique Internationale, No. 92-98

Additional material from *Die Entwicklung des Weltluftverkehrs bis 1957/1958*,
ISBN 978-3-663-04084-2 (978-3-663-04084-2_OSFO7),
is available at http://extras.springer.com

Tabelle 89

Zuschüsse verschiedener Länder für den Sportluftverkehr in den Jahren 1952 bis 1958

Lfd. Nr.	Land	Jahr	Zuschüsse		Anmerkung
			in DM	Landeswährung	
1	2		3	4	5
1	Ägypten	1952	120 600	L 10 000	Segelflug; Lande- und Abstellgebührenerlaß; sonstige Ermäßigungen
		1955	11 180 114 310 6 010	L 930 9 500 500	Motorflug Segelflug Modellflug
		1957	42 212 162 818 6 030	L 3 500 L 13 500 L 500	Motorflug Segelflug Modellflug
2	Australien	1952	1 038 400 18 880	L 110 000 L 2 000	Aero-Club und Verkehrsfliegerschulen Segelflug
		1958	1 655 808 37 632	L 176 000 L 4 000	Motorflug Segelflug
3	Belgien	1952	134 400	bfrs 1 600 000	Segelflug
		1953	134 400 31 500	bfrs 1 600 000 bfrs 375 000	Segelflug Motorflug
		1954	134 400 54 600 1 596	bfrs 1 600 000 bfrs 650 000 bfrs 19 000	Segelflug; Fliegerschule Motorflug; Fliegerschule und Clubs Modellflug
		1955	54 600 138 600 8 952	bfrs 650 000 bfrs 1 650 000 bfrs 107 000	Motorflug Segelflug Modellflug
		1956	8 417 164 136	bfrs 100 000 bfrs 1 950 000	Motorflug Segelflug
		1957	50 400 222 600 11 088 50 400	bfrs 600 000 bfrs 2 650 000 bfrs 132 000 bfrs 600 000	Motorflug; Fliegerschule Segelflug Modellflug Sonstiges
		1958	42 000 273 000 8 400	bfrs 500 000 bfrs 3 250 000 bfrs 100 000	Motorflug; Schulung Segelflug Modellflug
4	Bulgarien	1957	3 088 4 941 3 088 1 235	Lewa 5 000 Lewa 8 000 Lewa 5 000 Lewa 2 000	Motorflug Segelflug Modellflug Sonstiges
		1958	1 235 1 235 6 176 30 882	Lewa 2 000 Lewa 2 000 Lewa 10 000 Lewa 50 000	Motorflug Segelflug Modellflug Sonstiges

Tabelle 89
(1. Fortsetzung)

Lfd. Nr.	Land	Jahr	Zuschüsse in DM	Zuschüsse Landeswährung		Anmerkung
1	1	2	3	4		5
5	Bundesrepublik Deutschland	1952	25 000	DM	25 000	Segelflug; davon DM 20 000 für die Teilnahme am Segelflugwettbewerb in Madrid
			40 000	DM	40 000	Deutscher Aero-Club
		1953	15 000	DM	15 000	Für die Organisation nationaler Wettbewerbe
			40 000	DM	40 000	Für die Organisation des Aero-Clubs
		1954	15 000	DM	15 000	Für die Teilnahme an Wettbewerben
			3 500	DM	3 500	Modellflug; für die Teilnahme an internationalen Wettbewerben
			55 000	DM	55 000	Für die Organisation des Aero-Clubs
		1955	12 500	DM	12 500	Segelflug; Organisation nationaler Wettbewerbe
			12 500	DM	12 500	Modellflug; Organisation der Weltmeisterschaften sowie nationaler und internationaler Wettbewerbe
			27 000	DM	27 000	Für die Organisation des Deutschen Aero-Clubs
		1956	5 000	DM	5 000	Motorflug; Organisation des Deutschlandflugs 1956
			12 500	DM	12 500	Segelflug: Teilnahme an der Weltmeisterschaft
			1 500	DM	1 500	Modellflug: Teilnahme an der Weltmeisterschaft
			25 000	DM	25 000	Für die Organisation des Deutschen Aero-Clubs
			6 000	DM	6 000	Für die Zentrale der Luftsportjugend

T a b e l l e 89
(2. Fortsetzung)

Lfd. Nr.	Land	Jahr	Zuschüsse		Anmerkung
			in DM	Landeswährung	
1	2	3	4		5
5	Bundesrepublik Deutschland	1957	5 000	DM 5 000	Motorflug: Organisation des Deutschlandfluges
			12 500	DM 12 500	Segelflug: Teilnahme an Nationalen Meisterschaften
			1 600	DM 1 600	Modellflug: Für Teilnahme an Wettbewerben
			46 000	DM 46 000	Für die Zentrale der Luftsportjugend
			19 000	DM 19 000	Für die zentrale Organisation
		1958	27 000	DM 27 000	Für die Organisation nationaler und internationaler Wettbewerbe im Segelflug u.Mod.Fl.
			42 000	DM 42 000	Für die Zentrale der Luftsportjugend
			14 000	DM 14 000	Für die zentrale Organisation
6	Chile	1954	1 961 600	$ 51 350 000	Motorflug
			19 600	$ 500 000	Segelflug
			1 960	$ 50 000	Modellflug
		1955	4 316 600	$ 113 000 000	Motorflug
			19 600	$ 500 000	Segelflug
		1956	2 764 232	$ 72 400 250	Motorflug
		1957	4 199 800	$ 110 000 000	Motorflug
			19 090	$ 500 000	Segelflug
		1958	6 299 700	$ 165 000 000	Motorflug
			135 300	$ 3 543 750	Segelflug
			22 550	$ 590 625	Modellflug
7	Dänemark	1952	29 189	Kr 48 000	Aus Lotteriegewinn
		1953	24 324	Kr 40 000	Aus Lotteriegewinn
		1954	24 324	Kr 40 000	Aus Lotteriegewinn
		1955	15 201	Kr 25 000	Aus Lotteriegewinn
		1957 1958	45 612	Kr 75 000	Aus Lotteriegewinn
8	Finnland	1957	60 726	Fmk 4 625 000	
		1958	57 444	Fmk 4 375 000	
9	Griechenland	1954	84 000	Drachmen 600 000	
		1955	84 000	600 000	
		1956	84 000	dto. 600 000	
		1957	84 000	dto. 600 000	
		1958	105 000	dto. 750 000	

Tabelle 89
(3. Fortsetzung)

Lfd. Nr.	Land	Jahr	Zuschüsse in DM	Zuschüsse Landeswährung		Anmerkung
1	2	3	4			5
10	Großbritannien	1952 1953 1954 1955 1956 1957 1958	keine direkten Subventionen			Steuer- und Landegebührenermäßigungen, zum Teil freie Flugausbildung
11	Indien	1952	685 560 27 029 886	Rs Rs Rs	773 595 30 500 1 000	Motorflug Segelflug Modellflug
		1953	750 322 26 586 8 862	Rs Rs Rs	846 674 30 000 10 000	Motorflug Segelflug Modellflug
		1954	1 041 781 40 569 1 772	Rs Rs Rs	1 175 825 45 779 2 000	Motorflug Segelflug Sonst.u.Aero-Club
		1955	7 016 14 600 17 540 3 508 bis zu 87 000	Rs Rs Rs Rs	8 000 16 000 20 000 4 000 bis zu 100 000	Segelflug Modellflug Aero-Club of India Die Höhe d.Zuschüsse ist entsprechend d.Bedeutung d.einzelnen Clubs gestaffelt. Weitere Zuschüsse werden nach d.Anzahl geflogener Stunden gewährt.
		1956	1 918 400 17 607 17 607 14 086	Rs Rs Rs Rs	2 180 000 20 000 20 000 16 000	Motorflug Segelflug Modellflug Aero-Club of India Steuer- und Landegebührenermäßigungen. Jährl.100 Freistellen z.Pilotenschulung. Alle Flugzeuge gehören der Regierung.
		1957	1 550 732 17 640 1 764 5 292	Rs Rs Rs Rs	1 758 200 20 000 2 000 6 000	Motorflug Segelflug Modellflug Aero Club of India
		1958	176 400 24 696 1 764 21 168	Rs Rs Rs Rs	200 000 28 000 2 000 24 000	Motorflug Segelflug Modellflug Aero-Club of India
12	Island	1957 1958				Flughafenbenutzung frei
13	Israel	1956 1957 1958				Steuerermäßigung; Landegebührenerlaß Zuschüsse f.d.fliegerische Ausbildung der Jugend

Tabelle 89
(4. Fortsetzung)

Lfd. Nr.	Land	Jahr	Zuschüsse		Anmerkung
			in DM	Landeswährung	
1	2	3	\multicolumn{2}{c|}{4}	5

Lfd. Nr.	Land	Jahr	in DM	Landeswährung		Anmerkung
1	2	3	\multicolumn{2}{c|}{4}		5
14	Japan	1956	882 000	Yen	1 000 000	Segelflug
15	Jugoslawien	1952	4 200 000	US-$	1 000 000	Aero-Club
		1953	3 246 600	US-$	773 000	Motor-, Segel- und Modellflug
		1954	4 834 200	US-$	1 151 000	Motor-, Segel- und Modellflug
		1955	6 804 000	US-$	1 620 000	Motor-, Segel- und Modellflug. Keine Startgebühren
		1956	4 788 000	US-$	1 140 000	Motor-, Segel- und Modellflug
		1957	5 628 000	US-$	1 340 000	Motor-, Segel- und Modellflug. Flughafenbenutzung frei
		1958	1 855 000	US-$	441 667	Motor-, Segel- und Modellflug. Flughafenbenutzung frei
16	Kanada	1954	(868) 43 400	($ $	200) 10 000	Motorflug; für jede private Fluglizenz. Für Sonstiges an den RCFCA keine Landegebühren für Privatflugzeuge unter 5000 lbs Startgewicht
		1955	(868) 43 400	($ $	200) 10 000	$ 100 an jeden neuen Piloten $ 100 an die Schule Für Sonstiges an den RCFCA
		1956	427 379	$	100 000	Motorflug: an die Schule.
			427 379	$	100 000	insgesamt für neue Piloten.
			4 273 794	$	1 000 000	Für Sonstiges an den RCFCA
		1957	4 356 619	$	1 000 000	Motorflug. Zuzüglich 100 $ für jeden neuen Piloten
		1958	4 356 619	$	1 000 000	Motorflug. Zuzüglich 100 $ für jeden neuen Piloten
17	Kuba	1952	8 400	$	2 000)	Zur Förderung des Sportfluges; Steuerermäßigung
		1953	16 800	$	4 000)	

Tabelle 89
(5. Fortsetzung)

Lfd. Nr.	Land	Jahr	Zuschüsse		Anmerkung
			in DM	Landeswährung	
1	2		3	4	5
18	Luxemburg	1954	5 040 f.lux.	60 000	Landegebührenermäßigung
		1955	6 300 f.lux. 4 200 f.lux.	75 000 50 000	Motorflug Segelflug
		1956	6 300 f.lux. 4 200 f.lux. 210 f.lux. 252 f.lux.	75 000 50 000 2 500 3 000	Motorflug Segelflug Modellflug Sonstiges. Erlaß d. Landegebühren
		1957	3 360 f.lux. 84 f.lux.	40 000 1 000	Motorflug Segelflug Erlaß der Landegebühren
		1958	2 100 f.lux. 2 100 f.lux. 420 f.lux.	25 000 25 000 5 000	Motorflug Segelflug Modellflug Erlaß der Landegebühren
19	Mexico	1957	84 000 $	20 000	Außerdem Erlaß der Landegebühren
20	Niederlande	1954	24 863 hfl 364 650 hfl 22 432 hfl	22 500 330 000 20 300	Motorflug Segelflug Sonstiges
		1956	482 694 hfl 22 270 hfl	440 000 20 300	Segelflug Für die "Brigade de la Jeunesse"
		1957	475 266 hfl 22 437 hfl	430 000 20 300	Segelflug Für die "Brigade de la Jeunesse"
		1958	475 266 hfl 22 437 hfl 11 053 hfl	430 000 20 300 10 000	Segelflug Für die "Brigade de la Jeunesse" Für fliegerische Ausbildung
21	Norwegen	1957 1958	88 200 Kr. 88 200 Kr.	150 000 150 000	Außerdem 15 Fairchild Cornell von der Luftwaffe
22	Österreich	1952	57 014 s 8 847 s	290 000 45 000	Segelflug (s 175000 stammen aus dem Sporttoto) Modellflug
		1953	62 912 s 1 966 s 34 405 s	320 000 10 000 175 000	Segelflug Modellflug Sonstiges
		1954	181 855 s 34 405 s	925 000 175 000	Von Regierung Vom Sporttoto
		1955	323 080 s	2 000 000	Von Regierung

T a b e l l e 89
(6. Fortsetzung)

Lfd. Nr.	Land	Jahr	Zuschüsse		Anmerkung
			in DM	Landeswährung	
1	2	3	4	5	
23	Polen	1957 1958			90 % d.Kosten des Flugsportes vom Staat getragen
24	Portugal	1958	193 488 Escudos 15 879 Escudos	1 324 168 108 690	Landegebührenermäßigung, teilw. Übernahme d.Flugtrainingskosten durch den Staat. Motorflug Modellflug
25	Schweden	1952	138 000 Kr 48 708 Kr 56 826 Kr 25 158 Kr	170 000 60 000 70 000 30 990	Segelflug Modellflug Verbände, Aero-Club Rückerstattung von Treibstoffabgaben. Landegebührenermäßigung
		1953	211 068 Kr 52 767 Kr	260 000 65 000	Segelflug Modellflug Steuerermäßigungen (Treibstoff) Flughafengebühr - ermäßigung
		1954	211 068 Kr 52 767 Kr	260 000 65 000	Segelflug Modellflug Steuerermäßigungen (Treibstoff) Flughafengebühr- ermäßigung
		1955	267 920 Kr 56 831 Kr	330 000 70 000	Segelflug Modellflug Steuerermäßigungen (Treibstoff) Flughafengebührermäßigung
		1956	272 015 Kr 56 839 Kr	335 000 70 000	Segelflug Modellflug Steuerermäßigungen (Treibstoff) Flughafengebührermäßigung
		1957	271 976 Kr 56 831 Kr	335 000 70 000	Segelflug Modellflug Ermäßigung d.Treibstoffsteuern und Flughafengebühren
		1958	276 036 Kr 60 890 Kr	340 000 75 000	Segelflug Modellflug Zuschüsse f.fliegerische Ausbildung. Ermäßigung d.Treibstoffsteuern und Flughafengebühren

Tabelle 89
(7. Fortsetzung)

Lfd. Nr.	Land	Jahr	Zuschüsse		Anmerkung
			in DM	Landeswährung	
1	2	3	4		5
26	Schweiz	1952	48 025 sfrs	50 000	Motor- und Segelflug
			21 131 sfrs	22 000	Verbände- Aero-Club
		1953	28 815 sfrs	30 000	Motor- und Segelflug
			4 610 sfrs	4 800	Verbände, Aero-Club
		1954	28 815 sfrs	30 000	Motor- und Segelflug
			4 188 sfrs	4 360	Aero-Club
		1955	97 488 sfrs	101 500	Motor- und Segelflug
			9 605 sfrs	10 000	Modellflug
		1956	28 929 sfrs	29 515	Motorflug
			817 sfrs	834	Segelflug
			14 642 sfrs	14 938	Modellflug
			980 sfrs	1 000	für Sekretariat
27	Spanien	1952	395 320 ptas	4 000 000	
		1953	395 320 ptas	4 000 000	
		1954	395 320 ptas	4 000 000	Motor-, Segel- und
		1955	395 320 ptas	4 000 000	Modellflug sowie
		1956	395 320 ptas	4 000 000	Sonstiges
		1957	403 200 ptas	4 000 000	
		1958	403 200 ptas	4 000 000	
28	Südafrika	1957	254 016 ₤	21 600	Motorflug
			11 760 ₤	1 000	Segelflug
			2 940 ₤	250	Fallschirmspringer
			17 640 ₤	1 500	Sonstiges
29	Türkei	1952	2 250 000 türk.₤	1 500 000	Jahresbudget
		1953	3 000 000 türk.₤	2 000 000	Jahresbudget
		1954	3 543 000 türk.₤	2 362 000	Jahresbudget
		1955	3 000 000 türk.₤	2 000 000	Jahresbudget
30	USA	1952	2 251 200 $	536 000	Flugtrainingskosten f.Kriegsveteranen; keine finanz.Zuschüsse für Segel- und Modellflug; Sonstige Vergünstigungen
		1953	20 922 720 $	4 981 600	
		1954	26 880 000 $	6 400 000	
		1955	28 896 000 $	6 880 000	
		1956			Motorflug: Grundschulung u.Darlehn f. 9700 Kriegsveteranen
		1957			Modellflug: Unterstützung durch Marine und Armee bei der Organisation von Wettbewerben
		1958			

Quelle: Bulletin de la Fédération Aéronautique Internationale
Nr. 92-98, Einzelauskünfte

FORSCHUNGSBERICHTE
DES LANDES NORDRHEIN-WESTFALEN

Herausgegeben durch das Kultusministerium

LUFTFAHRT · FLUGWISSENSCHAFTEN

HEFT 140
Dr.-Ing. G. Hausberg, Essen
Modellversuche an Zyklonen
1955, 78 Seiten, 24 Abb., DM 15,70

HEFT 191
Dr. H. Söhngen, Darmstadt
Schwingungsverhalten eines Schaufelkranzes im Vakuum
1955, 36 Seiten, 7 Abb., DM 7,80

HEFT 195
Dozent Dr.-Ing. E. Rößger, Köln
Gedanken über einen neuen deutschen Luftverkehr
1955, 342 Seiten, 29 Abb., 122 Tabellen, DM 50,—

HEFT 198
Prof. Dr. J. Weissinger, Karlsruhe
Zur Aerodynamik des Ringflügels. Die Druckverteilung dünner, fast drehsymmetrischer Flügel in Unterschallströmung
1955, 42 Seiten, 5 Abb., 1 Tabelle, DM 9,—

HEFT 201
Dr.-Ing. E. W. Pleines, Frankfurt/Main
Die Sicherheit im Luftverkehr
1956, 194 Seiten, 39 Abb., 19 Tabellen, DM 39,45

HEFT 202
Dipl.-Ing. D. Fiecke, Stuttgart/Zuffenhausen
Die Bestimmung der Flugzeugpolaren für Entwurfszwecke. I. Teil: Unterlagen
1956, 216 Seiten, 171 Diagramme, DM 52,—

HEFT 214
Dr.-Ing. J. Endres, München
Berechnung der optimalen Leistungen, Kraftstoffverbräuche und Wirkungsgrade von Einkreis-Turbolader-Strahltriebwerken am Boden und in der Höhe bei Fluggeschwindigkeiten von 0—2000 km/h
1956, 72 Seiten, 18 Abb., 8 Tabellen, DM 15,40

HEFT 247
Dr. H. Söhngen, Darmstadt
Strömung vor einem Überschall-Laufrad
1956, 26 Seiten, 4 Abb., DM 7,60

HEFT 255
Ing. B. v. Schlippe, Mannheim-Neckarau
Strömung von Flüssigkeiten mit temperaturabhängiger Zähigkeit (Kühlung von Öfen)
1956, 54 Seiten, 12 Abb., 4 Tabellen, DM 11,70

HEFT 256
Prof. Dr. C. Schmieden und
Dipl.-Math. K. H. Müller, Darmstadt
Die Strömung einer Quellstrecke im Halbraum — eine strenge Lösung der Navier-Stokes-Gleichungen
1956, 40 Seiten, 9 Abb., DM 8,80

HEFT 279
Dr. F. Keune, Aachen
Der gewölbte und verwundene Tragflügel ohne Dicke in Schallnähe
1956, 42 Seiten, 15 Abb., DM 9,25

HEFT 280
Dipl.-Ing. J. Stelter und Dipl.-Ing. E. Pfende, Aachen
Über Störerscheinungen bei Schallgeschwindigkeitsmessungen mittels der Interferometermethode
1956, 42 Seiten, 13 Abb., DM 9,60

HEFT 281
Prof. Dr.-Ing. K. Lürenbaum, Aachen
Der Meßwagen des Instituts für Maschinen-Dynamik der Deutschen Versuchsanstalt für Luftfahrt, Aachen
1956, 34 Seiten, 17 Abb., DM 8,60

HEFT 316
Dr. F. Keune, Aachen
Zusammenfassende Darstellung und Erweiterung des Aequivalenzsatzes für schallnahe Strömung
1956, 80 Seiten, 22 Abb., DM 17,90

HEFT 347
Prof. Dr. med. S. Ruff, Dr. med. F. Kipp, Dr. med. H. Hansteen und Dipl.-Phys. G. Müller, Bonn
Untersuchungen zur Frage der Gehörschädigungen des fliegenden Personals der Propellerflugzeuge
1957, 50 Seiten, 27 Abb., 3 Tabellen, DM 11,10

HEFT 363
Dr.-Ing. U. Domm, Frankenthal (Pfalz)
Über eine Hypothese, die den Mechanismus der Turbulenz-Entstehung betrifft
1956, 28 Seiten, 4 Abb., DM 6,45

HEFT 390
Dr.-Ing. J. Endres und Dr.-Ing. G. Hiebel, München
Berechnung der optimalen Leistungen, Kraftstoffverbräuche und Wirkungsgrade von Luftfahrt-Gasturbinen-Triebwerken am Boden und in der Höhe bei Fluggeschwindigkeiten von 0—2000 km/h und bei vorgegebenen Düsenausströmgeschwindigkeiten
1958, 88 Seiten, 16 Abb., z. T. auf großformatigen Falttafeln, 7 Tabellen, DM 24,90

HEFT 402
Prof. Dr. habil. W. Linke, Aachen
Die Wärmeübertragung durch Thermopane-Fenster
1958, 30 Seiten, 17 Abb., 2 Tabellen, DM 10,80

HEFT 417
Prof. Dr.-Ing. habil. E. Rößger, Berlin
I. Teil: Die Entwicklung des Weltluftverkehrs, Ergänzungsbericht 1954
II. Teil: Die zivile Luftfahrtpolitik der USA
1957, 230 Seiten, 6 Abb., 83 Tabellen, DM 48,—

HEFT 418
O. Gdaniec, Essen
Über die Randlochkarte als Hilfsmittel in der Dokumentation
1957, 36 Seiten, 15 Abb., 8 Tabellen, DM 10,10

HEFT 425
Dipl.-Ing. H. Lübke, Hamburg
Gasturbinen und Strahlantriebe für Hubschrauber
1958, 122 Seiten, 70 Abb., 9 Falttafeln, 1 Tab., DM 30,40

HEFT 462
Prof. Dr. rer. nat. J. Weissinger, Karlsruhe
Zur Aerodynamik des Ringflügels — II. Die Ruderwirkung
Zur Aerodynamik des Ringflügels — III. Der Einfluß der Profildicken
1957, 44 Seiten, 12 Abb., 10 Tabellen, DM 18,20

HEFT 470
Dr.-Ing. O. Wehrmann, Berlin
Hitzdrahtmessungen in einer aufgespaltenen Kármánschen Wirbelstraße
1957, 36 Seiten, 14 Abb., 4 Tabellen, DM 10,90

HEFT 471
Prof. Dr. phil. habil. A. Naumann, Dr.-Ing. A. Heyser und Dr. phil. Dipl.-Ing. W. Trommsdorf, Aachen
Der Überdruck-Windkanal in Aachen
1957, 44 Seiten, 20 Abb., DM 11,—

HEFT 481
Priv.-Dozent Oberbaurat Dr.-Ing. W. Meyer zur Capellen, Aachen
Fünf- und sechspunktige Geradführung in Sonderlagen des ebenen Gelenkvierecks
1958, 62 Seiten, 53 Abb., 1 Tabelle, DM 18,80

HEFT 487
Prof. Dipl.-Ing. W. Blume, Duisburg
Festigkeitseigenschaften kombinierter Leichtbaustoffe im Hinblick auf die Verkehrstechnik, insbesondere des Flugzeugbaus
1958, 88 Seiten, 31 Abb., 2 Tabellen, DM 25,50

HEFT 489
Dipl.-Math. K. H. Müller, Darmstadt
Strenge Lösungen der Navier-Stokes-Gleichung für rotationssymmetrische Strömungen
1957, 64 Seiten, 23 Abb., DM 14,85

HEFT 493
Prof. Dr. phil. habil. A. Naumann und
Dipl.-Ing. H. Pfeiffer, Aachen
Versuche an Wirbelstraßen hinter Zylindern bei hohen Geschwindigkeiten
1958, 32 Seiten, 19 Abb., DM 11,65

HEFT 577
Prof. Dr. med. S. Ruff, Bonn, Dr. med. K. Krieger, Bonn, Dr. med. G. Schäfer, Bonn, Dr. med. W. Hartwich, Bonn, Dr. med. O. Wünsche, Bad Godesberg, Dr. med. H. Braun, Bonn, und Dr. med. H. Hansteen, Bonn
Untersuchungen zur therapeutischen Anwendung des Sauerstoffmangels. 1. Mitteilung
1958, 118 Seiten, 30 Abb., 8 Tabellen, DM 29,10

HEFT 578
Dr.-Ing. G. Fellner, Aachen
Der Einfluß der Fluggeschwindigkeit auf die Wirtschaftlichkeit von Durch- und Ausstromtriebwerk
1958, 60 Seiten, 9 Abb., DM 15,—

HEFT 647
Deutsche Studiengemeinschaft Hubschrauber e. V., Stuttgart-Flughafen
Lastenhubschrauber L-41 und L-51 für 4000 kg Nutzlast. Teil I: Entwurfsgesichtspunkte, Auslegung und Baubeschreibung, Leistungsrechnungen
1959, 120 Seiten, 93 Abb., DM 31,80

HEFT 648
Deutsche Studiengemeinschaft Hubschrauber e. V., Stuttgart-Flughafen
Lastenhubschrauber L-41 und L-51 für 4000 kg Nutzlast. Teil II: Gewichte, Festigkeitsnachweis, Kräfte und Momente am Rotor
1959, 118 Seiten, 95 Abb., 21 Tabellen, DM 33,20

HEFT 649
Deutsche Studiengemeinschaft Hubschrauber e. V., Stuttgart-Flughafen
Lastenhubschrauber L-41 und L-51 für 4000 kg Nutzlast. Teil III: Steuerungs- und Stabilitätsuntersuchungen, Schwingungsbeanspruchung von Rotorblättern, Konstruktionsvorschläge
1959, 86 Seiten, 31 Abb., DM 22,60

HEFT 785
Dipl.-Ing. Manfred Neumann, Mülheim/Ruhr
Zur quantitativen Auswertung von Schlierenbildern rotationssymmetrischer Strömungen
In Vorbereitung

HEFT 787
Dipl.-Ing. Gert Winterfeld
Ähnlichkeitskennzahlen bei Verbrennungsvorgängen in Brennkammern von Strahltriebwerken
1959, 40 Seiten, DM 10,80

HEFT 835
Dr.-Ing. C. Kleegrewe, Mülheim/Ruhr
Bau eines Wolkenradargerätes zur gleichzeitigen Messung bei 3,2 cm und 0,86 cm Wellenlänge
in Vorbereitung

HEFT 836
H. Borchardt, Mülheim/Ruhr
Physikalisch-technische Grundlagen der meteorologischen Anwendung durch Radar nach Erfahrungen mit der Wetterradaranlage des Institutes für Mikrowellen in der Deutschen Versuchsanstalt für Luftfahrt e. V. Mülheim-Ruhr
1960, 139 Seiten, 59 Abb., 5 Tabellen, 4 Tafeln, 5 Bildserien, DM 39,90

HEFT 881
Prof. Dr.-Ing. E. Rößger, Berlin
Die Entwicklung des Weltluftverkehrs bis 1957/58

HEFT 882
Prof. Dr.-Ing. E. Rößger, Berlin
Luftverkehr und Spedition
1960, 56 Seiten, 1 Tabelle, DM 14,50

Ein Gesamtverzeichnis der Forschungsberichte, die folgende Gebiete umfassen, kann bei Bedarf vom Verlag angefordert werden:
Acetylen / Schweißtechnik – Arbeitspsychologie und -wissenschaft – Bau / Steine / Erden – Bergbau – Biologie – Chemie – Eisenverarbeitende Industrie – Elektrotechnik / Optik – Fahrzeugbau / Gasmotoren – Farbe / Papier / Photographie – Fertigung – Gaswirtschaft – Hüttenwesen / Werkstoffkunde – Luftfahrt / Flugwissenschaften – Maschinenbau – Medizin / Pharmakologie / Physiologie – NE-Metalle – Physik – Schall / Ultraschall – Schiffahrt – Textiltechnik / Faserforschung / Wäschereiforschung – Turbinen – Verkehr – Wirtschaftswissenschaften.

If you have any concerns about our products,
you can contact us on
ProductSafety@springernature.com

In case Publisher is established outside the EU,
the EU authorized representative is:
Springer Nature Customer Service Center GmbH
Europaplatz 3, 69115 Heidelberg, Germany

Printed by Libri Plureos GmbH
in Hamburg, Germany